Advanced and Ultimate Engines

最新・未来のエンジン

自動車・航空宇宙から究極リアクターまで

内藤 健 編著

朝倉書店

執筆者

内藤　健*（ないとう　けん）
早稲田大学　基幹理工学部
（第0章，第Ⅰ部第1章，第Ⅲ部第1章，3章）

志茂　大輔（しも　だいすけ）
マツダ株式会社
（第Ⅰ部第2章）

川口　暁生（かわぐち　あきお）
トヨタ自動車株式会社
（第Ⅰ部第3章）

佐藤　哲也（さとう　てつや）
早稲田大学　基幹理工学部
（第Ⅱ部第1章）

田口　秀之（たぐち　ひでゆき）
宇宙航空研究開発機構　航空技術部門
（第Ⅱ部第1章）

笠原　次郎（かさはら　じろう）
名古屋大学　大学院工学研究科
（第Ⅱ部第2章）

渥美　正博（あつみ　まさひろ）
三菱重工業株式会社
（第Ⅱ部第3章）

岩村　康弘（いわむら　やすひろ）
東北大学　電子光理学研究センター
（第Ⅲ部第2章）

*は編者．（　）は担当章．

はじめに

　本書は最新の自動車用レシプロエンジンと航空宇宙機用ジェットエンジン，ロケットエンジンの両方をまとめて取り上げ，しかも，格段に飛躍した性能を有する未来のエンジンの具体案についても記述している．また，理工系進学を考えている高校生や，自動車・航空機の雑誌が好きな一般の社会人にも，ある程度要点が分かるように配慮している．これらの点で，従来のエンジンに関する解説書，教科書と大きく異なっている．

　このような本を提示する狙いのひとつは「エンジンを持たない電気自動車（ピュアEV）」の半分程度の低価格，かつ，従来の2倍レベルの高熱効率を目指す環境対応型エンジン自動車や，先端的な航空宇宙機用エンジンの知られざる魅力を伝え，次世代の若者が両者を対比しながら，さらなる発展を探るための土台とすることにある．「空飛ぶ自動車」の可能性が増えてきているからでもある．さらに，エンジンの発展型には「燃焼という化学反応」の枠を超えて，「放射能をほとんど出さない原子核反応」に基づく，桁違いに膨大なエネルギー生成の可能性があることを伝え，次世代の若者を活性化することにある．これが実現すれば，環境エネルギー問題を一気に根本解決するだけでなく，その「あまりあるエネルギー」で人類が地球外の天体へ楽に往来・移住することを容易にし，広大な宇宙に人類の生存圏を拡大させ，そこから膨大な資源も得られるからである．これはウランによる原子力発電よりは少ないエネルギー放出量と考えられているが，燃焼，バッテリー，ソーラー発電よりも格段に大きなエネルギーを安全に供給する可能性がある．この20年ほどの間に，ゆっくりとではあるが，明確に聞こえ始めた「新次元のエンジンリアクター技術の新たな胎動」についても最後の方で述べる．

　数年前に二酸化炭素排出の大幅削減の方針（パリ協定）が示された．世界のあちらこちらで気象変動が大きくなり，洪水や巨大台風等の被害が深刻化して

ほぼ完全な断熱と騒音レベルをあげずに高圧縮比化を可能にし，さらに，燃焼反応を超える原理の新たな地上・航空宇宙用エンジン

(Naitoh *et al*., (2016) A new prototype engine having a potential of nearly-complete air-insulation and relatively-noiseless high compression, *SAE Paper* を参照)

いることがその背景のひとつにある．また，中国の大気汚染問題は，日本でも実感できるくらいになっている．人類は豊かな生活に一度慣れてしまうと，質素・簡潔な生活には戻れないようだ．世界全体が消費するエネルギー量はどんどん増えている．

　2011年3月11日に日本の東北地方の太平洋側を中心に起きた大地震の影響もあり，原子力発電の安全性確保とそれにかかる人力，コストは増大する中で，日本では「燃焼」を用いた大型火力発電のさらなる効率向上の努力を進めたが，従来技術の延長ではこれ以上の向上は難しくなってきている．

　一方，自動車でも，出力よりも効率重視の形で，燃焼を動力源とするレシプロエンジンの効率向上にも多大な努力がなされてきた．

　しかし，燃焼を動力源とするレシプロエンジンでは，50年以上に渡って「大幅な断熱化」ができていないこともあって，この20年ほどの間に「電池とモータを持つ電気系」と「燃焼型エンジン」を併用した，いわゆる「ハイブリッドエンジン自動車（HEV）」が増えてきた．自動車がブレーキをかけた際，モータが自動車の運動エネルギーを電気に変換して電池に蓄えるようにし，それを発進時に再利用するようにしたものである．これは以前から電車が用いてきた方策である．

　自動車では，大別すると2種類のハイブリッドの方式（パラレル方式とシリーズ方式）が普及しつつある．シリーズ方式を採用した車は，エンジンで直

接駆動しないため，電動自動車と呼ぶ人達もいる．さらに，エンジンをまったく持たない電池だけの自動車（ピュア EV）も，わずかだが存在する．

まだ限定的だが，いくつかの国では，エンジンを持たない「電池だけ」の自動車（ピュア EV）に力を入れたい，と考え始めた人達がいる．しかし，大気汚染が深刻化する中国でさえ，長期目標をまだ明確にしていないはずである．

2017 年 11 月 25 日，日本経済新聞に，大手自動車会社の経営者が，「エンジンと電池を併用したハイブリッド自動車（HEV）は増加していくが，エンジンを全く持たない電池だけの自動車のみになる時代は来ない」と語る記事が掲載された．また，ハイブリッドシステム中の電池部分では自動車メーカー間の差はつきにくく，エンジン部分の技術，性能の差異によって，勝負が決まる可能性がある．液晶テレビやパソコンにおける電気製品で起きたことから連想されることは，完全な電化（ピュア EV 化）は「もろ刃の剣」と言えることである．

現在のハイブリッド車の走行距離は 1000 km レベルになっている．「電池だけのピュア EV」を急に拡大しようとすれば，走行距離，価格の高さ，電池の劣化，充電時間，充電場所，中古になったときの価格，などを考えただけでも，少なくとも当面は，大部分の消費者と企業にとってプラスにならないはずである．

ソーラー発電や風力発電が主流になれるのであれば，「電池だけの自動車」が二酸化炭素の環境問題に対して大きな意味を持ち得るが，地震国では容易ではないだろう．

二酸化炭素だけでなく，排気ガス中の NO_x とスス等（エミッション：emission）という問題もある．これに対する規制はこの数十年厳しくなり続けており，その基準を満たすことが開発側にとって難しくなってきている．特にディーゼルエンジンは，乗用車での利用が減る可能性が出てきている．しかし，それでもトラック等の商用車ではまだまだ継続されると考えられ，ガソリンエンジンは数十年後も様々な用途で継続，増加すると考えられる．「エンジンかバッテリーか」の二者択一ではなく，用途や場所によって，動力システムの形態の住み分けがなされていくと考えるべきである．

大幅な断熱化と排熱損失低減ができれば，数十年後も燃焼エンジンは自動車

の動力源として主流のひとつでありつづけるだろう．その理由のひとつは，若い世代の多くとアフリカを含む自然区域の多くの人達が，150万円を大幅に超えた車を買うのは苦しいという事実である．これをあえて書くのは，横浜で生まれ，東京で大学生活を送った筆者が，自動車会社で13年間仕事をした後，山形県の米沢市に家族で移住して5年間住んで仕事をした経験に基づいている．大都市の外の地域（自然区域）に住む若者達の中には，「優秀なのに，家計の都合で浪人できないため」大学入試では確実に現役で大学に進学するようにする，という話を何度も耳にした．次世代の若者のどれだけが250万円をこえるピュアEVを，環境だけのために買えるだろうか？ しかも，これは税金の補助があっての価格である．

多くの若い人たちが，安い燃焼エンジン自動車で，家族や恋人と会えるようにしなければならないはずである．人は，携帯電話で話をするだけでは生きてはいけない．携帯電話が普及すればするほど，もっと会う必要が出てきているはずだ．特に，電車網が発達していない自然区域（大都市以外）で，安い車は必要である．

高価なピュアEVを無理やり増加させようとすれば，市場が理解しないだけでなく，(あってはならないことだが) 給与格差が拡大し，紛争・戦争を激化してしまわないか，という懸念もある．

この先，中国を含むアジアやインドの経済発展の後にはアフリカの発展が待っている．「アフリカ」はアメリカよりも格段に広大である．ここで，将来自動車を含む産業が飛躍的に成長することは間違いない．しかし現時点では，ヨーロッパへの移民問題が加熱している．アフリカで，安い燃焼エンジンの自動車を生産して仕事を増やせば，移民は減り「アフリカ合衆国」となっていくだろう．

ピュアEVに敵対するつもりでエンジンの価値を述べているのではない．二酸化炭素増加とエネルギー問題の解決は容易なことではなく，当面はあらゆる手段の可能性を探る必要があるということである．ただ，仮に数十年後に，自動車はピュアEVが半分以上を占めているとしてみよう．そのとき必要なことは，火力大型発電に変わって，ソーラーか風力発電等が主になっていることである．ピュアEVからの二酸化炭素排出はなくなっても，火力発電主体では，

そこで同程度の排出があるからである．そしてさらに，アフリカまでもがピュアEVが主流だとしてみよう．ピュアEVの大量生産で，アフリカに定住する人々も増え，楽園となったとしよう．エネルギー問題と環境問題を解決したとしよう．

仮にそうなったら，人類全体が豊かさを保有している，と言えるかもしれない．では，人類はその先何を目指すのか？

「宇宙空間への本格的な進出ではないだろうか？　地球は狭すぎる」

アメリカは世界の二酸化炭素排出量の大幅削減議論を避けているように見えるときがある．確かにその面はあるが，それだけだろうか？　筆者は「アメリカは，世界で最も地球外の天体への往来・移住を具体的に試みている国だ」ということを思い返すべきだと考えている．「地球の中で節約しよう」という代わりに，「生存圏を拡大しよう」と言っているように感じる．少し極端な表現だが，「省エネは重要だが，根本解決の道ではなく，問題の先送り」と言いたげに筆者には思われる．2018年7月28日の日本経済新聞には，「米国が原油でも世界第三位の輸出国になる勢い」という記事が出ている．そのエネルギーで地球の外に出られる，とも言いたいのではないか．

「できないと思われてきたことをできるようにしよう．新しいことに挑戦しよう」

と言っているようにも思う．その生き方のほうが，「一度きりの人生に悔いは残らない」と筆者は思うのである．2005年に「宇宙に容易に行くための新次元のエンジンを目指す」ということを本に書いた．筆者は日本で生まれたが，子供の頃から，どうもアメリカ的な考え方の人間だなあ，と思っている．日本の半分以上の若者がそのような考えになるのは行き過ぎか，とは思うものの，「もう少し先の動力機構を考えてみるべきであり，その新たな段階の技術の胎動が聞こえはじめている」ということも，この本で伝えたいのである．

確実な成果がでる方策に尽力する人達も必要だが，それだけで済む時代はと

うに過ぎている．数十年前は「海外の先端技術を導入し，まねをするところから始めて，改良を続けてきた」わけだが，今は「イノベーションよりも進んだインベンションを創出し，海外にもその恩恵を供給しなくてはならない」時代だからである．

　なお，本書の構成について軽く述べておく．大きな区分けは3つの部である．第Ⅰ部は自動車用エンジンである．筆者（内藤ら）も関わった最近のガソリンエンジンの進歩にふれた後，最近のディーゼルエンジン（志茂ら）について述べる．このディーゼルエンジンの進歩には，燃料噴射弁システム，排気触媒技術，過給機等の進歩とともに，予混合化に近づけることによって，ススとNO_xの両方を低減できる方策の発見（木村・松井ら）の仕事も重要な役割を果たしている．さらに，最近の断熱化に関する挑戦的な技術（川口ら）についても述べる．

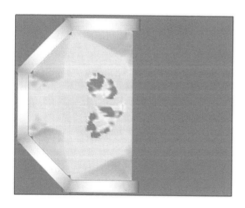

管内の乱流遷移（上）と超高効率エンジン（下）のシミュレーション事例

第II部は航空宇宙用エンジンである．近い将来の実用化を目指した航空宇宙用エンジン（佐藤，田口ら），最新のロケットエンジン（渥美ら），最新のデトネーションエンジン（笠原ら）についてである．

　第III部は，自動車・航空宇宙・発電のすべての分野にまたがり，飛躍的な性能の可能性を有する新エンジンについてである．まず，大幅な断熱化の具体策が示される．さらに，「燃焼反応」と「原子力」の中間レベルの放熱，かつ，放射能を出さない「夢」の動力源の案（岩村，内藤ら）についても述べる．

　本書を読んでみると，各章の著者はいずれも，基本原理に立ち戻って，大きな飛躍に挑戦する研究者であり，その熱い思いがひしひしと伝わってくる．技術の内容だけでなく，それらの熱い思いが若い人達の刺激となれば幸いである．

　周囲の大部分の人達が容易に理解できる仕事であれば，皆，既に実現している．「先を見通して，粘り強く続けること」が重要である．時間に耐え得る仕事をすることは容易ではないが，大変さを克服したときの達成感・喜びは格別なものであることも付記しておく．

　なお，筆者らは1990年ごろから独自の燃焼流動の理論とシミュレーションモデルを構築してきた．これは，100年間にわたって誰も解けなかった「乱流遷移」と「乱流燃焼」現象の謎を解明し，しかも，これを用いた検討が，ほぼ完全な断熱やそれ以上のエンジンの進化を加速していることを付記しておく．

　2019年3月

内藤　健

目　次

第0章　エンジンの基礎熱流体力学（サイクル論）……………〔内藤　健〕… *1*

熱力学第一法則／オットーサイクル／ブレイトンサイクル／ディーゼルエンジンサイクル／アトキンソンサイクル／圧縮比／断熱化／カルノーサイクル／燃焼効率／運転条件の広さ／3つの燃焼形態／開放型・密閉型と定常型・非定常型／エンジンサイズと熱効率／燃料と酸素の混合割合／流体力学／マッハ数と音速／ラバルノズル／エントロピー

第I部　自動車用エンジン

第1章　自動車用レシプロエンジンの進化 ……………〔内藤　健〕… *18*

ガソリンの気化特性と着火特性／ガソリンエンジンのスロットルバルブ／直噴化／リーンバーン燃焼／ダウンサイジング化／スロットルバルブの廃止とアトキンソンサイクル／レンジエクステンダー／ディーゼルエンジン／断熱化

第2章　低圧縮比クリーンディーゼルエンジン ……………〔志茂大輔〕… *26*

I.2.1　内燃機関の理想燃焼　*27*
I.2.2　開発のねらいと技術コンセプト　*28*
I.2.3　エンジン諸元　*29*
I.2.4　主要な革新技術　*31*
I.2.5　主要性能　*40*
I.2.6　まとめと展望　*42*

第3章　エンジンの断熱とは ……………〔川口暁生〕… *45*

I.3.1　はじめに　*45*
I.3.2　1980年代前後の断熱エンジンブーム　*48*
I.3.3　新しい遮熱コンセプト（壁温スイング遮熱）　*55*
I.3.4　おわりに　*70*

第 II 部　航空宇宙用エンジン

第 1 章　極超音速ターボジェットエンジン　〔佐藤哲也・田口秀之〕… 73
- II.1.1　はじめに　73
- II.1.2　極超音速ターボジェットエンジンの種類と特徴　75
- II.1.3　ATREX エンジンの開発研究　81
- II.1.4　予冷ターボジェットエンジンの研究開発　87
- II.1.5　極超音速統合制御実験機（HIMICO）　92

第 2 章　デトネーションエンジン　〔笠原次郎〕… 98
- II.2.1　デトネーションとは　98
- II.2.2　デトネーション燃焼の熱力学的サイクルと効率　99
- II.2.3　デトネーションの気体力学　102
- II.2.4　デトネーションの研究開発の現状　105
- II.2.5　おわりに　112

第 3 章　液体ロケットエンジン　〔渥美正博〕… 117
- II.3.1　ロケットエンジンとは　117
- II.3.2　エンジンサイクル　123
- II.3.3　エンジンの構成要素　129
- II.3.4　今後のロケットエンジンに求められる信頼性・安全性　132

第 III 部　未来エンジン

第 1 章　究極熱効率エンジン（Fugine）　〔内藤健〕… 135
- III.1.1　はじめに　136
- III.1.2　理論　137
- III.1.3　三次元シミュレーションによって得られた「ほぼ完全な断熱化」　139
- III.1.4　3つの試作小型エンジンの実験結果　141
- III.1.5　多重衝突噴流による一点圧縮の安定性　146
- III.1.6　まとめと今後の計画　147
- III.1.7　このエンジンが実用化された場合の波及効果や社会的影響　151

Ⅲ.1.8　究極熱効率エンジン（Fugine）の研究開発を加速するための影の立役者
　　　　　153

第2章　凝縮系核反応リアクター ……………………………〔岩村康弘〕… *161*
Ⅲ.2.1　はじめに　*161*
Ⅲ.2.2　熱エネルギー発生　*162*
Ⅲ.2.3　核変換　*166*
Ⅲ.2.4　凝縮系核反応と従来の核反応の比較　*169*
Ⅲ.2.5　今後の展望　*170*

第3章　核凝縮リアクターエンジン（Fusine）……………〔内藤　健〕… *172*

おわりに　*177*
索　引　*178*

第0章
エンジンの基礎熱流体力学（サイクル論）

エンジンでは，投入した燃料と空気中のごくわずかな部分がススや窒素酸化物になる．残りの燃料のほぼすべての炭素原子が空気中の酸素と結合して二酸化炭素になるので，その排出量は大きい．この二酸化炭素排出量は，エンジンの熱効率（取り出した仕事量／投入した熱エネルギー量：thermal efficiency）に逆比例する．熱効率の悪いエンジンでは，必要な燃料量が増えるため，燃焼した後に排出される二酸化炭素量も多くなるからである．以下では，その熱効率を概算するための熱力学の基礎について述べる．

a) 熱力学第一法則

熱力学第一法則（first law of thermodynamics）は，高校の物理の教科書にも記載されている．エンジン（engine）に適用することを念頭において，この要点を簡略的に述べると，「エンジンに出入りする熱エネルギー dQ の総和」が，「動力として取り出せる仕事 dW」と「内部エネルギーの変化 dU（＝エンジン内ガスの温度変化 dT に比熱 C_v をかけた値）」に等しいという法則である（式 (0.1)）．ここで，記号 Q, W, U の直前の記号「d」は，「わずかな時間 dt の間の Q, W, U の変化」である．なお，ここでは燃焼室壁が断熱とし，dQ は，燃料等の形で外部からエンジン内に入る熱エネルギー dQ_1 と，燃焼（combustion）によって温度上昇した排気ガスの熱エネルギー dQ_2 の差とする．

$$dQ = dW + dU \qquad (0.1)$$

航空宇宙用エンジンでは，地上利用のエンジンに比べてエンジン内に出入りするガスの速度が非常に速く，そのガスの運動エネルギー（速度の2乗に比例

する値)は大きいので,それも加味する必要がある.ただし,レシプロエンジンやジェットエンジンのように音速以下で航行するものでは,dQ, dW, dU だけの関係だけ理解すれば,それらの熱効率の大筋が理解できる.

また,燃焼という化学反応では,燃料と酸化剤の分子を構成する原子のつなぎ方が変わる.その際,その原子間の結合エネルギーが変わることを利用して動力を取り出している.

以下ではまず,「燃焼室壁が完全に断熱」という仮定に基づき,代表的な理想的エンジンサイクル(図0.1-0.4)の熱効率を求めてみよう.

b) オットーサイクル:ガソリンのレシプロエンジンを理想化したサイクル

まず,ピストン(piston)の往復運動を回転エネルギーに変えて仕事を取り出すレシプロエンジン(reciprocating engine)の中で,ガソリンを燃料とするエンジンの理想サイクルであるオットーサイクル(Otto cycle)について述べる.この熱効率は,図0.1(P-V線図:圧力をP,燃焼室体積をVとする)で理解できる.

ここでは,市場に最も多く投入されている4ストロークガソリンエンジンを考える.

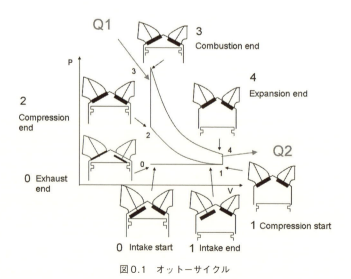

図0.1　オットーサイクル

時刻1から2までが，ピストンによる断熱圧縮行程（adiabatic compression），時刻2から3までが，一定容積（constant volume）での瞬時燃焼による圧力上昇，3から4は，燃焼室内圧（ピストンの内側圧力）が外圧（ピストンの外側圧力）よりも高いことによって起きる断熱膨張行程（adiabatic expansion），4から1は体積一定状態における瞬時の排気行程（exhaust process）で，1から0がさらなる排気行程，その後に再度，0から1で吸気行程（intake process）である．

この際，3から4での燃焼が一瞬で起きていると仮定するのは，ガソリンエンジンでは燃料が燃焼室に入る前に，その上流の吸気管（吸気ポート）内で空気とよく混合してから燃焼室に導入することが多いので，燃焼室内の全域に燃焼しやすい混合気があるからだと考えることができる．これは，「予混合（premixed）」と呼ばれる状態であり，着火さえできれば，燃焼室内のどこでも燃焼でき，瞬間的に全域で同時に燃焼が可能になると考えることができるからである．最近はガソリンでも燃焼室内壁に噴射弁（injector）を直付け（直接噴射）しているが，吸気行程中に燃料を噴射するものが多いので，これも予混合に近い．

以下で補足すると，まず，同時にすべての燃料が燃焼すると急激な圧力上昇に耐えることが困難なので，実際にはこの全域で一気に同時着火することはできない．また，細かい話になるが，通常のノッキングは，燃焼室内のすべての場所で同時に燃焼しないことも問題になる．燃焼室の側壁の片側で急速な燃焼，ノッキング反応がおきると，発生した高圧力領域が，音速レベルで反対の壁の方に進行して，エンジンを揺らすことになり，問題になる．なお，実際のレシプロエンジンでの燃焼というのは，燃焼室内の一部の混合気体が着火してから，徐々に燃え広がるようにしている．この燃え広がる速度を決めている燃焼速度（burning velocity）は，音速（sound speed）よりも桁違いに遅いので，瞬時にすべては燃焼しない．この燃焼速度は基本的に，図0.1中の1から2の行程の圧縮のレベルでコントロールしている．レシプロエンジンで注意すべきもうひとつの事項は，燃焼速度に「燃焼による膨張流速」が加わったものが，観測される火炎伝播速度（flame speed）であるという点である．

さて，熱効率算出の仕方を説明する．まず，エンジンの1サイクルのうちの

わずかな時間 dt の間に取り出せる仕事量 dW は，圧力 P にピストンの断面積 S をかけた値（力 F）に，ピストンの移動距離 dL をかけた値である．この際，断面積 S とピストンの移動距離 dL をかけた値は，エンジンの燃焼室体積の変化 dV である．よって，レシプロエンジンの1サイクルで取り出せる仕事の総量は，理想的にはピストンが上下する間の燃焼室体積 V に圧力 P をかけたものとなる．なお，圧力は時間変化するので，$\int P \cdot dV$ が総仕事量 W になる．また，エンジンでは，ピストンが上下運動した後，元の位置に戻り，燃焼室内の温度，圧力，密度も最初の状態に戻るので，内部エネルギーも1サイクル後には元にもどる．よって，$\int dU$ はゼロである．また，燃焼室壁，ヘッド，ピストン表面すべてで断熱を仮定している．よって，最初に記した熱力学第一法則にそれらを代入すると，1サイクルにエンジンに出入りした熱エネルギーの変化が，仕事量（図0.1中の線で囲まれた部分の面積）になる．この取り出す仕事量（＝投入した熱エネルギー量から排気した熱エネルギー量を引いた値）を，投入した熱エネルギー量で割った値が熱効率である．燃焼室壁から冷却水に逃げる熱がなく（断熱），摩擦もないとすると，近似的に熱効率 η は，圧縮比 ε を用いて，

$$\eta = 1 - \frac{1}{\varepsilon^{\kappa-1}} \tag{0.2}$$

と記述される．比熱比 $\kappa = 4/3$（$= 1.333\cdots$）とし，圧縮比（compression ratio）$\varepsilon = 8$ では，熱効率 $\eta = 0.5$ となり，50％が仕事（動力）になる．圧縮比 $\varepsilon = 27$ であれば，$\eta \fallingdotseq 0.67$ で67％である．圧縮比 ε と比熱比 κ が大きいほど，熱効率が高くなることが分かる（圧縮比 ε はピストンを有するレシプロエンジンでは，吸気終了時の体積を圧縮終了時の体積で割った値である．κ は主に作動流体と温度によって変わる値である．常温の空気では $\kappa \fallingdotseq 1.4$，ガソリンと空気の理論混合比での $\kappa \fallingdotseq 1.3 \sim 1.35$ あたりである．よって，燃料が理論混合比よりも少ない場合（希薄で）は，κ は1.4に向かって大きくなっていく）．

c）ブレイトンサイクル：ジェットエンジンの理想的サイクル

　レシプロエンジンの燃焼室の体積 V は，圧縮・膨張行程で時間とともに変化した．これは，吸入した空気が完全密封された後，ピストンの上下運動に

よってなされた.

　一方，ジェットエンジン (jet engine) やロケットエンジン (rocket engine) を含む航空宇宙機用エンジンの燃焼室体積 V は変化しない．燃焼室に取り込んだ気体は密閉されることがなく，構造的に変化しないからである．この場合は，ある時刻から一定の時間の間にエンジンに流入した「燃料と酸化剤の塊の総体積を V」と考える．ジェットエンジンでは，その入口から圧縮機を通過する間に，その体積は文字通り，圧縮されて小さくなり，燃焼室を通過後は，燃焼により膨張して，再度，その体積 V は大きくなってタービンを通過してから排気される．このような V を考えれば，これも，P-V 線図で概略を理解できる．その体積 V 中の流体の時間変化を記した図 0.2 は，ジェットエンジンやガスタービンエンジンの理想形であるブレイトンサイクル (Brayton cycle) と呼ばれるものである．この場合，燃焼時はオットーサイクルと異なり定圧過程で近似している．これは，ジェットエンジンが拡散燃焼という形態をとっていることで一応の説明ができる．拡散燃焼では，燃料を空気と徐々に混ぜながら，よく混合した部分が順番に燃焼していく方式なので，すべての燃料を一気に燃焼させられないため，必然的に一瞬で圧力上昇できない．そのことを，一定圧力に近似して記述していると考えることができる．

　面白いのは，図 0.2 のブレイトンサイクルの熱効率は，図 0.1 のオットーサイクルと同じ式（式 (0.2)）になることである．

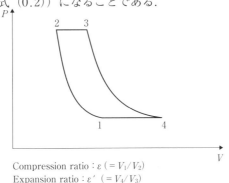

Compression ratio：$\varepsilon\,(=V_1/V_2)$
Expansion ratio：$\varepsilon'\,(=V_4/V_3)$

図 0.2　ブレイトンサイクル

d) ディーゼルエンジンサイクル

ピストンを有するディーゼルエンジン（diesel engine）も拡散燃焼方式を用いているので，その理想のディーゼルエンジンサイクル（diesel engine cycle）では定圧過程で燃焼行程を記述していると考えることができる（図0.3）．

では何故，拡散燃焼（diffusion combustion）と予混合燃焼（premixed combustion）という2つの燃焼様式があるのだろうか．基本的な答えは，各種の燃料の気化しやすさ，着火しやすさが異なることにある．ガソリンは気化しやすいので，燃焼室より上流の温度の低めの吸気管内でも気化でき，そこで，「予め」混合することができると同時に，着火しにくい燃料なので吸気管内で暴発しないですむ傾向がある．軽油は気化しにくい燃料なので，熱い燃焼室内に非常に高い噴射圧力で噴出して気化を促進させるため，燃焼室内で噴射してから燃焼までの時間が短く，十分に混合できないまま，燃焼を始めざるを得ず，燃料を「拡散」させながら「燃焼」する方式になっている（補足：拡散燃焼方式では燃料が濃い部分があり，そこからスス（PM）生成されやすい）．

図0.1と図0.3は両方ともピストンを有したエンジンを想定している．排気バルブを開けるときにエンジン内の圧力は排気管下流の大気圧力にまで下がっていないので，排気バルブを開いた瞬間に状態4から1までに（大気圧まで）下がる．図0.1と図0.3中の4から1に一定容積変化が存在するのはこのためである．図0.2では，ガスの出入りをバルブの開閉で制御せず，常に大気に開放したエンジン方式なので，排気行程では定圧で近似している．

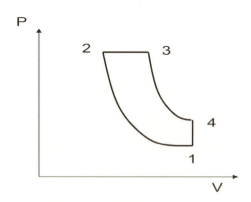

図0.3　ディーゼルエンジンサイクル

e) アトキンソンサイクル

上記のように，理想サイクル論では燃焼過程は定圧か一定容積かのいずれかで2種類，排気行程が定圧か一定容積で2種類ある．よって，上記の3つのエンジンサイクル以外に，4つ目のサイクル（図0.4）が考えられる．燃焼は一定容積の昇圧で，排気行程は定圧（吸気圧力と同じになるまで膨張をさらにさせたために定圧となるもの）の場合である．これは，アトキンソンサイクル（Atkinson cycle）（ミラーサイクル）と呼ばれ，最近のハイブリッド自動車によく用いられている方式である．排気行程が吸気圧力と同じになるまで，ピストンを引いて膨張させているため，オットーサイクルよりも仕事が取り出せるので，その分，熱効率が上がる．このアトキンソンサイクルを，すべてのエンジンで利用すれば熱効率向上はできるのだが，膨張比を大きめにしているため，相対的に圧縮比，つまり，吸気量が減るため，最大出力が低くなる．しかし，ハイブリッドで利用する場合では，最大出力はバッテリーで補填する形がとれるのでよく利用されている．

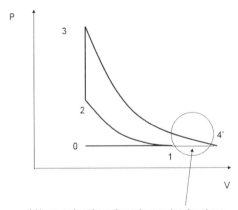

Atkinson cycle reduces thermal energy in exhaust gas.

図0.4　アトキンソンサイクル
ミラーサイクルともいう．

f) 圧縮比

エンジンがやっていることは基本的には「空気（酸化剤）と燃料を混ぜて，火をつける」だけだが，上記の式をみれば，いずれのエンジンでも，エンジン

の熱効率は基本的に，圧縮比（compression ratio）と比熱比で決まることが分かる．よって，燃焼という化学反応を使うエンジンでは，いずれも圧縮することが重要である．なお，圧縮比ではなく，圧力比で評価することもある．仕事量は $P \cdot dV$ なので，圧力で決まるからである（最近のディーゼルエンジンの中には，圧縮比を若干下げる方向になっているものがあるが，大きな低下ではないことに注意すべきである．ガソリンエンジンでは，50年以上の間の歴史を見ると，圧縮比が上昇してきている）．

式 (0.2) で得られる熱効率は，図示熱効率と呼ばれているもので，「燃焼室内の高圧ガスがピストンに与える仕事量」を「投入したエネルギー量」で割ったものである（P-V 線図でピストン表面に働く力による仕事を評価するので，「図示」という）．ピストンや回転体等で仕事を取り出した後，回転軸等の可動部の摩擦損失によって若干減少した値が実際に利用できるので，これを正味熱効率と呼んでいる．完全な断熱ができれば，従来型エンジンの正味熱効率の限界は，60％程度であろうと考えられてきている．

なお，現存する市販のガソリン・ディーゼルエンジンの最高の正味熱効率は40％かそれよりも少し高い値と言われているが，すべての速度・負荷の運転条件でそうなるわけではない．街中の低速運転時には，30％よりも大きく下がる．

g) 断熱化

現在のレシプロエンジンの熱効率がなかなか限界値（60％レベル）に届かない1つ目の大きな理由は，大幅な断熱化（thermal insulation）ができていないことにある．

最近の大型ロケットでは，再生冷却という形で，燃料に熱エネルギーを戻しているので，断熱化に近い効果があると考えられる．ただし，それでも排出する高温ガスの熱を戻せるのは壁からだけなので，戻せる熱量には限りがあり，戻した熱の一部はやはり排気ガスに捨てているはずで，完全断熱レベルの効果とは言いにくい．また，耐熱性という意味での信頼性確保，冷却系の簡素化の観点で，断熱化のメリットを享受できない．壁から回収した熱を燃料に戻した際，燃料中の温度分布を均一にすることも容易ではないといった問題もある．

なお，「燃焼室壁だけでの断熱ができれば良いとは言えない」ことも明記し

ておかなくてはならない．断熱だけができても，その分の熱が排気ガス温度の上昇になってしまうことが多いことが2つ目の大きな問題になる．これを回避するためには，低騒音型のさらなる高圧縮比で排熱を低減するか，排熱をなんらかの形で回収しなければならない．これらの諸問題を解決する可能性のある「ほぼ完全な断熱」の方策について，本書の後半にて紹介する．

h) カルノーサイクル

熱効率は最大でどの程度まで可能なのだろうか．これに対する答えは，カルノーサイクル（Carnot cycle）に見つけることができる．このサイクルの P-V 線図を図 0.5 に示す．可逆断熱圧縮，可逆断熱膨張過程を使うことは，前述した4つのサイクルと同じだが，もう2つの過程には，等温圧縮，等温膨張を利用するものである．等温圧縮，等温膨張時の温度をそれぞれ，T_L, $T_H (>T_L)$ と書くと，このサイクルの熱効率 η は

$$\eta = 1 - \frac{T_L}{T_H} \tag{0.3}$$

と書ける．なお，T_L, T_H は，サイクル中の最低温度と最高温度である．

前述したオットーサイクルの熱効率の式（0.2）を，この T_L, T_H で記述することも可能で，それは

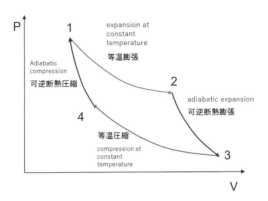

図 0.5 カルノーサイクル

可逆とは，ここでは主に摩擦による損失がないことと考えておこう．「可逆・非可逆性」の詳細は，例えば，内藤，(2006) 生命のエンジン，シュプリンガージャパンを参照．

$$\eta = 1 - \kappa \frac{T_L}{T_H} \tag{0.4}$$

となる．この式 (0.3) と式 (0.4) を比べると，オットーサイクルでは，効率低下を表す右辺第二項に比熱比 κ (>1) がかかっているために，カルノーサイクル以上になることができないことが分かる．よって，燃焼を利用するエンジンの研究開発者が目標とする最大の熱効率は，このカルノーサイクルの熱効率である（補足：高高度に達したロケットの熱効率を考えてみよう．宇宙空間に近くなると，外気温度は地上よりも格段に低いため，式 (0.3) と式 (0.4) 中の T_L はゼロに近づくので，熱効率はかなり大きくなり得る）．

i) 燃焼効率

なお，熱効率以外に知っておくべき重要な効率性の指標として，燃焼効率 (combustion efficiency) がある．上述した熱効率の定義は，「取り出した仕事（動力エネルギー）」を「燃料等の投入エネルギー」で割った値なので，分母も分子もエネルギーであるが，燃焼効率は，燃焼した燃料の質量を，投入した燃料の質量で割った値である．つまり，燃焼効率はどの程度，燃料が燃焼させられたか（させられずに捨てられたか）を示す指標である．この燃焼効率の値は，自動車用や航空用では100％に近くなっているが，研究中のエンジン等の中には，かなりの割合が燃焼できないケースもある（その場合は熱効率も当然悪くなる）．よって，この指標も合わせて，エンジン性能を評価する必要がある．

j) 運転条件の広さ

エンジンは，いずれも「空気（酸化剤）」と「燃料」を混合して燃焼させるものなので，基本的に様々なエンジンの燃焼性能（熱効率，出力，推力）は，流入する気体の速度（空気（酸化剤）の流量やエンジン回転数等のパラメータ）と単位時間あたりの燃料消費量（負荷トルク等のパラメータ）の二軸平面状で評価する．

自動車用エンジンでは時速 0 km のアイドリング運転から時速 100 km を超える非常に広い速度範囲で安定に動作しなければならない．基本的には，車速

にほぼ比例する吸気速度の上昇には，エンジン回転数を変えて対応している．航空機では，離陸前の停止状態から時速 500 km を超えて音速に近い速度域までで利用するので，音速レベルの速度域では，基本的には，吸気側にある回転型の翼列の圧縮機の回転数上昇で対応している（ロケットでは音速の 10 倍を軽く超える速度までになるので更に高速である）．

ただし，もうひとつ重要な独立制御因子が単位時間あたりの燃料消費量である．自動車で，例えば平地だけではなく，様々なこう配の坂を上るときがある．この際には，平地と同じ回転数・速度でも，重力に逆らうためにより多くの燃料を使って高トルク・高出力での運転となる．よって，登坂時や加速時には，燃料消費量を増やす必要がある（実験室でエンジン実験をする際は，燃料量は増やしても，負荷（負荷トルク）を大きくすることで，回転数は一定で変化しない）．

航空用では，機体速度が回転数（流入気体速度）で，流入する空気の密度が飛行高度によって変化することが，負荷（燃料量）の軸に対応すると考えることもできる．

k) 3つの燃焼形態

前述したように，エンジン燃焼形態（方式）として，「予混合燃焼」と「拡散燃焼」という2つの方式が多く使われている．意外に思うかもしれないが，時速 100 km レベルまでの自動車用レシプロディーゼルエンジンも，時速数百 km になる航空機のジェットエンジンも，同じ「拡散燃焼」という方式を用いている．なお，どちらも「燃焼」という言葉が使われているが，実はこれは，少し丁寧に言うと「穏やかな燃焼」ということを意味している．音速よりも一桁以上小さな速度で燃焼領域が広がっているからである．

では速い速度で燃焼領域が広がる場合（3つ目）はあるのか．その一例が，自動車用エンジンにしばしば起こるノッキング（knocking）反応である．これは，音速レベルの速度で広がるので速い．自動車では悪者になるノッキングだが，超音速航空機ではこの急速な燃焼を利用する場合がある．デトネーション（detnation）と呼ばれている形態である（なお，ロケットエンジンの燃焼も穏やかな燃焼である）．

1) 開放型・密閉型と定常型・非定常型

「何故，ジェットエンジンは自動車に使われないのだろうか？」筆者は子供の頃から，こんな疑問を持ってきた．ジェットエンジンを積んでいけば，ゆくゆくは空も飛べるようになるかもしれないし，「クーンという音」のジェットエンジンの方が，心地よい音だと思ってきたからである．また，ジェットエンジンは大型であれば熱効率が高く，ガスタービンという名称で大型発電所でも多用されているわけで，基本的にレシプロエンジンと同じかそれ以上に環境にも優しいのだから，自動車に搭載しても良いのではないか，などということを学生の頃に考えていた．

数十年前のターボ過給エンジンの車に乗ったことのある人は実感していると思うが，アクセルを踏み込んでからしばらくの間は加速しにくい．アクセルを踏み込んでから，過給機内の回転翼列の回転速度が上昇しないと，過給機の圧縮比，圧力比が上がらないからである．ジェットエンジンを自動車に使わない理由のひとつはこれである．自動車は，一定速度・一定負荷で運転することが少ないので，加減速に向かないジェットエンジン（ガスタービン）はあまり利用してこなかった．

ピストンとポペットバルブを有するレシプロエンジンやパルスデトネーションエンジンは，非定常型（unsteady）のエンジンである．燃焼室内において，燃焼が止まる時間が，繰り返して存在するという意味で，燃焼室内の圧力・温度が時間的に変化し，一定値ではないからである．それに対し，ジェットエンジン，ラムスクラムエンジン，ロケットエンジンのほとんどは，ほぼ定常型（steady）と言える（もっとも，ジェットエンジンでは，燃焼室よりも上流に設置された圧縮機の回転翼列から燃焼室に流入するガスが，時間的に完全に一定な流速になっているとは言えない．吸入ガスが，回転する翼と翼の隙間から，燃焼室につながる流路に出る時間帯と，その流路を翼がふさいでいる時間が，交互に存在するからだ）．

パルス的な非定常燃焼をするエンジンは，圧力の低い時間があるので，長い時間で平均すると，平均圧力は完全に定常なエンジンよりも原理的に低くなると考えがちだが，燃焼室内やその下流が定常型エンジンよりも負圧である場合は，吸入ガス量が増えることによって燃焼圧力の時間平均値も結果として増加

の可能性がある．この効果は，航空宇宙用の各種エンジンでは定常型が多いので，あまり意識されていないかもしれないが，レシプロエンジンでは，慣性過給効果としてよく知られ，多くのエンジンで利用されている．

　レシプロエンジンでは燃焼を間欠的（非定常）にすることで，燃焼していない時間を設けている．その時間に，バルブを閉じてピストンでの圧縮を行うこと（閉鎖系でのピストン圧縮）を可能にしているので，エンジン回転数によらず，圧縮比を一定にできるメリットがある．

　ジェットエンジンは，燃焼室の前後にそれを完全閉鎖する機械的構造物はないので開放型である．燃焼室上流にある圧縮機や，下流に設置されたタービン内の放射状の翼列も，流路を完全封鎖できない．翼と翼の間に隙間が必要だからである．よって，翼列の回転速度を上げ，気流速度を上げることを利用して圧縮しており，低速では圧縮比が下がってしまい，街中での加減速を頻繁にする自動車（車速の短時間の変化）には適用しにくい．ただ，航空機は離陸・着陸の時間に比べて，上空で一定速度飛行する時間が格段に長いために，定常型のジェットエンジンは適していると言える．また，流路を完全封鎖せず，ガソリンエンジンにおけるスロットルバルブのようなきつい絞り部やポペットバルブがないなどのために，比較的高速でも流体の粘性による摩擦損失が少なくできる利点があり，過去数十年の間に，レシプロエンジンに代わって航空機での利用が増加してきた．

m）　エンジンサイズと熱効率

　エンジンの燃焼室の大きさは，用途に応じてかなりのバリエーションがある．レシプロエンジンで考えると，小さいものでは，模型自動車用の燃焼室の直径が 10 mm 程度，バイクでは 40 mm 以上，四輪自動車では 60-100 mm 程度．大型船では 200 mm を超えるものも多々ある．航空機でもその機体の大きさ（乗員数）に応じて，様々である．発電用でも屋台等で利用される小さなものから，大型の火力発電所におけるものまである．

　基本的には，エンジンが大きくなるほど，投入する燃料の持つエネルギーに対し，燃焼室の壁面から外部に逃がす伝熱は，相対的に小さな割合になっていくので，断熱化に近づいていく．これは，投入する燃料量が燃焼室直径等のエ

ンジンの代表寸法 L の 3 乗に比例するのに対して，壁面から逃げる伝熱量は，基本的に燃焼室壁面の総面積 S に比例し，その面積 S がその代表寸法 L の 2 乗に比例することに原因がある．代表寸法 L が大きなエンジンになるほど，体積 V よりも表面積 S の増加率が小さいからである．よって，この燃焼室の全表面積 S を燃焼室の全体積 V で割った値，S/V 比が，燃焼室壁から外部に伝熱で捨てるエネルギーの割合を概算するための重要な指標となっている．

なお，この S/V 比は，エンジンだけでなく様々な生命体の維持にとっても重要，と考える研究者もいる．マウスのような小さな動物は，大きなゾウ等に比べて，体表から捨てる熱量の割合が相対的に大きくなるので，各段に速い心拍数で生命を維持していると考えられている．

n) 燃料と酸素の混合割合

上記のいずれのサイクルの理想的な熱効率も，比熱比と圧縮比（圧力比）で求められた．実際のエンジンでは，さらに，燃料と酸素（空気）の混合割合がパラメータ（混合比）となることがあるが，理想的なサイクルではそれが表面には出てこない．実際のエンジンでは，どのくらいの量の燃料を入れたかによって出力が変わるので，その意味ではこのパラメータは重要である．

例えば，炭素と水素からなる燃料と酸素（空気）を燃焼させた場合を考える．このとき，理論上，基本的には二酸化炭素と水だけになる混合比を理論混合比と呼ぶ．理論混合比よりも酸素（空気）が多ければ希薄（リーン）条件の混合比と呼び，燃料が多ければ過濃（リッチ）条件の混合比と呼ぶ．理論混合比からずれたいずれの極限条件を考えても，燃料がゼロか，酸素がゼロになるので，燃焼しないことは明らかである．したがって，理論混合比付近で燃料が安定に燃焼するという基本的な性質も知っておくべきである．

なお，レシプロエンジンでは，吸入空気を増やす代わりに，二酸化炭素を主とする燃焼ガスを吸気系や燃焼室に戻すこともよく行われ，排気還流（exhaust gas recirculation：EGR）と呼ばれる．これは，熱効率向上だけでなく，NO_x 低減効果もあり，最近のエンジンでも利用されている．

o） 流体力学

　以上に述べたように，エンジンの理想的熱効率は，基本的に熱力学によって求められることを述べたが，それにはひとつの前提がある．燃焼後の圧力上昇レベルが一定に維持されなければならないという点（燃焼安定性の確保）である．研究開発途中のエンジンの多くは，この燃焼安定性が十分ではないことが多々あり，その原因のひとつは，空気（酸化剤）の流動場が各サイクルで完全に同じにはならないことである．よって，熱力学は安定に燃焼できるエンジンの熱効率を出し，流体力学（fluid mechanics）は安定な燃焼を実現するために必要である．

　自動車では，エンジン回転数に比例して，乱流強度（turbulent intensity）と燃焼速度（burning velocity）が増加しているために，おおまかにいって，どの車速でも安定な燃焼が成り立っている．しかし，この乱流の状態を最適にしないと燃焼安定性が維持しにくくなることがあるので，その点でも乱流の力学（流体力学）が重要である．

　また，航空宇宙機用では，エンジン内に吸気する気体の速度や噴出ガス速度が音速に近いか，超音速（supersonic）なので，定量的な検討では，その運動エネルギー分を内部エネルギーや圧力等に加えて検討する必要が出てくるため，流体力学と熱力学を合わせた熱流体力学が必要になる．その場合，質量保存則（連続の式），運動量保存則，エネルギー保存則の3つと状態方程式の4つで，密度・圧力・温度・流速の4つの変数を解くことになる．

　エンジン燃焼性能（熱効率や出力，推力）を基本的に決めるのは，「投入する気体（酸化剤）」と「燃料」の流れという2つの重要因子であり，NO_x等のエミッションも含め，「燃焼はその結果でしかない」とも言える．

　なお，上述したように，ジェットエンジンや超音速気流中で利用されるエンジンでは，ある時刻から一定の時間の間にエンジンに流入した「燃料と酸化剤の塊の総体積を V」と考えるので，この体積 V が流れとともに動き，しかも時間的に増減する．言い換えると，静止座標系でみるのではなく，流体とともに移動する座標系で考える．また，この体積 V の中で，温度・圧力・密度・流速は空間的に均一とは限らない．よって，実際のエンジンの性能を検討する際には，体積 V を細かく分けて，部分部分の体積 v について解析を行うこと

が多くなっている．ただし，その部分部分 v の大きさは，分子・原子サイズレベル（分子間距離・原子間距離）まで小さくしてはならない．そこまで小さくすると，密度が不確定になるからである．よって，部分部分 v の大きさは，エンジンサイズよりもかなり小さいが，分子間距離・原子間距離よりはかなり大きく設定する．この体積 v の流体の塊を，流体粒子（気体であれば，気体粒子）と呼ぶ（デトネーションエンジンの章で用いられる概念である）．

p）マッハ数と音速

本書では，航空宇宙用エンジンで，マッハ数 M という物理量が頻繁に現れる．これは，流速 u と音速 a を用いて

$$M = \frac{u}{a} \tag{0.5}$$

で定義され，音速 a は，気体定数 R，温度 T とすると，理想気体では，

$$a = \sqrt{\kappa RT} \tag{0.6}$$

である．超音速とは $M>1$，亜音速は $M<1$，である．

q）ラバルノズル

図 0.6 のように，上流側が絞り管で下流側が拡大管であるラバルノズル（超音速ノズル）において，上流が亜音速，つまり，マッハ数 $M<1$（流速ゼロも含む）の場合，ある条件を満たせば，ノズル中央部（断面積最小部）に向かって，マッハ数 M が上昇し，その断面積最小部で $M=1$ となり，下流の拡大管では更にマッハ数 M が上昇し，超音速（$M>1$）になることが，熱流体力学の理論でも知られている．逆に，上流側で超音速（$M>1$）の場合，下流では亜音速（$M<1$）になる．

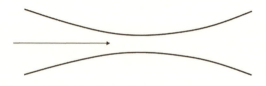

図 0.6　上流側が絞り管で下流側が拡大管であるラバルノズル

r) エントロピー

　本書では，熱力学の第二法則とエントロピー S については深く触れないが，可逆過程の場合の要点のみ，式（0.7）に記しておく（ただし，熱量を Q，温度を T で表す）．

$$dS=dQ/T \qquad (0.7)$$

なお，式（0.1）と式（0.7）から，dQ を消去すると，

$$TdS=pdV+dU \qquad (0.8)$$

というギブズの式（Gibbs の式）が得られる．

　内部エネルギー U の代わりに，エンタルピー H（$=U+PV$）を用いると，

$$TdS=-VdP+dH \qquad (0.9)$$

と書ける．本書で，式（0.8）と式（0.9）は可逆過程を仮定して得られたが，非可逆過程においても使うことができることを理論的にも示すことができ，エンジン等のエネルギー機械の性能検討には重要なものである．　〔内藤　健〕

文　献

[1] 内藤　健, (2006) 生命のエンジン, シュプリンガー・ジャパン.
[2] 中島泰夫, 村中重夫 編著, (1999) 改訂・自動車用ガソリンエンジン, 山海堂.
[3] 村山　正, 常本秀幸, (2009) 自動車エンジン工学［第2版］, 東京電機大学出版局.
[4] Aris, R., (1989) Vectors, Tensors, and the Basic Equations of Fluid Mechanics, Dover Publications.
[5] Kailasanath, K., (2000) Review of Propulsion Applications of Detonation Waves, *AIAA Journal*, **39**(9), 1698-1708.
[6] Kerrebrock, J.L., (1992) Aircraft Engines and Gas Turbines [Second Edition], The MIT Press.
[7] Landau, E.D. and Lifshitz, E.M., (1987) Fluid Mechanics [2nd Edition], Elsevier.

第 I 部　自動車用エンジン

第 1 章
自動車用レシプロエンジンの進化

　　ここでは，ガソリンと軽油の気化特性と着火特性をふまえて，最近のエンジン構造，構成がどのように変化，進化してきているかについて概説する．なお，航空機では，一定速度で動作する時間が長いが，自動車では一定速度で走行する時間は相対的に短く，広い範囲の回転数や負荷条件で利用される．この複雑な要求にどのように対処しているのかについても述べる．

a)　ガソリンの気化特性と着火特性
　代表的な化石燃料であるガソリンと軽油はともに液体で搭載されるが，ガソリンは軽油よりも気化しやすい特性がある．この気化しやすさもあって，ガソリンエンジンでは，低温の吸気管に液体の塊のまま噴射され，その後，小さな液粒群になり（微粒化され），気化し，空気（酸素）と混合することが多かった．一方，軽油は，圧力・温度の高いエンジンの燃焼室内に噴射するとともに，ガソリンよりも高い燃圧で噴射して微粒化を促進し，空気と接触する表面積を増やして気化しやすくすることが多い．
　着火しやすさでみると，基本的に，軽油の方がガソリンよりも着火しやすい燃料であり，強制着火しなくてもよく，自己着火の形態をとりやすい（なお，軽油を使ったディーゼルエンジンでも，その始動時にはグロープラグで着火を安定化させることが多い）．

b)　ガソリンエンジンのスロットルバルブ
　自動車用のレシプロエンジンでは，ガソリンエンジンでも軽油利用ディーゼルエンジンでも，燃料が「希薄（リーン：lean）」な条件での燃焼反応を行いたい．その理由は，街中で低速走行しているとき，燃焼によって発生させる出

力，トルクは小さくてよく，必要な燃料量は少ないためである．ここでいう「希薄」な条件とは，最適な空気，燃料の混合比である理論混合比よりも燃料の割合が少ないという意味で「希薄」であり，逆に言えば，空気の割合が多い場合である．

上述したように，ガソリンという液体燃料は，軽油よりも気化しやすいという特性があるので，吸気管内に噴射し，そこで空気と混合して「予混合気」を形成させてから，燃焼室に導入するという方式を昔からとってきた．しかし，ガソリンはもともと着火しにくい燃料なので，希薄（リーン）な条件では，ますます着火（ignition）しにくくなる．そこで，街中などで出力，トルクが小さくてよいときは，空気量も減少させて，理論混合比に近くして，燃焼しやすくしてきた．この空気量を減らすために，空気流量の調節バルブ（スロットルバルブ，図 I.1.1）を吸気管内に設置し，吸気管の流路断面積を絞っている．なお，このスロットルバルブの開口面積のコントロールは，ガソリンエンジンでは主にアクセルペダルで行っている（なお，この予混合という状態は，現時点では排気ガス特性（エミッション：emission）も優れている）．

このスロットルバルブは，燃焼室に直接面しているポペットバルブとは別に設置されることが多く，燃焼室から少し離れた上流部分のところに設置されてきた（図 I.1.1）．スロットルバルブによる絞り部分では，流体の粘性摩擦力によるエネルギー損失が大きくなり，それが，エンジンで発生した動力を減少させるので，結局，低速時には熱効率が悪化してしまってきた．

ディーゼルエンジンでは，軽油が着火しやすいことと，燃焼室内が予混合気

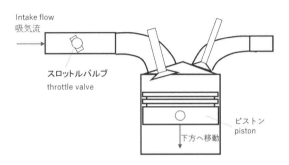

図 I.1.1　ガソリンエンジンのスロットルバルブの概念図

ではなく，部分的に理論混合比に近い燃料の少し濃い部分がある．そこが着火しやすいこともあって，吸気管内の空気流量の調節バルブが不要か，それに近い状態になっていることが多い．よって，この摩擦損失を少なくすることができ，結果として，熱効率はガソリンエンジンよりも高くできる（なお，ディーゼルの熱効率が高い理由は他にもある．軽油の着火特性がガソリンと異なるために圧縮比を少し高く設定できること等である．ただし，予混合化できていないことが，排気ガス特性の悪化を招く傾向にある）．

以上の理由から，一般にガソリンエンジンはディーゼルエンジンよりも熱効率が少し低く，「スロットルバルブをなくしてガソリンエンジンをディーゼルエンジンレベルの熱効率にしたい」というのが，ガソリンエンジン研究開発者の目標のひとつだったという言い方ができる．この40年間に，様々な努力がなされてきている．

c) 直噴化

ディーゼルエンジンはかなり前から，燃料を燃焼室に直接噴射してきた（副室式ディーゼルエンジンでも，吸気（ポート）系に燃料噴射しているガソリンエンジンに比べれば，文字通り燃焼室内での噴射と言える）．

ガソリンエンジンでも，燃焼室に直接噴射する自動車用エンジンが，20年程前から実用化し，増加してきている．ただし，ディーゼルエンジンの直噴化（direct injection）と違う点がある．基本的にはディーゼルエンジンでは圧縮行程の後半に燃料噴射しているのだが，ガソリン直噴エンジンでは，吸気行程の後半に燃料噴射して，相対的に燃焼するまでの時間をディーゼルよりも長くし，予混合に近くなることが多かったという点である．

予混合に近いので，燃焼室内の一部に相対的に濃い部分（理論混合比付近の部分）をつくる成層状態にはならず，着火性の大幅向上はないが，別のメリットがある．従来のガソリンエンジンでは燃料を吸気管内に噴射していたために，吸気管の内壁に液体状態で付着した燃料が，吸気管壁から熱を吸収して気化していたので，その壁から吸収した熱エネルギーも気化燃料とともに燃焼室に持ち込むことになり，燃焼室内の温度があがって，その後の圧縮・燃焼行程でノッキングしやすくなっていた．直噴にすることによって，液体燃料を気化

するために必要な熱は，燃焼室内にもともと存在していた気体から奪うようになるために，相対的に温度は低くでき，ノッキングしにくくなる．その効果のために，圧縮比を高めに設定してもノッキングしにくいので，式 (0.2) に従って，熱効率を上昇させられるのである．

d) リーンバーン燃焼 (lean burning with super/turbo charge)

ガソリンエンジン自動車の街中での低速度運転（エンジン低回転，低負荷条件）においては，先にも述べたように，スロットルバルブで吸入空気量を減らさずに，燃料量を減らすことだけで対処したい，という思いが昔から技術者にある．これが，希薄燃焼（リーンバーン）コンセプトのねらいのひとつである．ある程度のリーンバーンを実現したエンジンはいくつもあり，スロットルバルブでの摩擦損失も減るため，エンジン全体での熱効率向上がなされた．ただ，ガソリンは着火性がよくないので，理論混合比の2倍以上薄めた条件では高い燃焼安定度を実現しにくく，スロットルバルブを完全になくすことは難しかった．

ガソリン燃料の割合を少なく（希薄燃焼に）することには，もうひとつのメリットがある．比熱比が大きくなるために，式 (0.2) をみると，熱効率が高まることである．理論混合比よりも若干，燃料がリーンな場合，窒素酸化物（NO_x）が低減できないことが知られているが，かなりリーンな条件（理論空燃比の3倍以上リーンな条件）で安定な燃焼ができれば，NO_x 排出量が大幅に低減できるだろう，というねらいもある．最近，水素レシプロエンジンでは，高木らが理論空燃比よりかなりリーンで安定燃焼可能で，低 NO_x であることを報告している (Takagi et al., 2017)．ガソリンでは，超リーンバーンで強力な点火系を用いる場合，耐久性，信頼性，価格等が課題となるだろう．

e) ダウンサイジング化 (downsizing)

先に述べたように，低速走行になればなるほど，発生出力，トルクは小さくなり，必要な燃料量も少なくなる．それを完全燃焼させるための空気量も比例して少なくするために，20年程前までのガソリンエンジンの多くは，空気流量の調節バルブ（スロットルバルブ）を吸気管内に設置し，吸気管の断面積を

わざと小さく絞っていた．しかし，逆に言うと，高出力，高トルクになるほど，スロットルバルブは開くので，そこでの粘性摩擦損失は減り，熱効率はそのエンジンの最大熱効率値に向かって高くなる．そこで，このスロットルバルブの開口面積ができるだけ大きい状態を使って低速での走行ができれば，熱効率・燃費も改善されることになる．これを実現する方法のひとつは，エンジンの排気量を小さくすることである．排気量が小さくなると，必然的にアクセルを強く踏み込んで，スロットルバルブを開くことが多くなることは，軽自動車を運転したことがある人はすぐに分かるだろう．熱効率の値は改善しないでも，高負荷領域を多く使えばよい，という発想である．ただし，それでは，そのエンジンの最大出力・最大トルクが足りないので，過給機を付加することが多い．なお，過給機を付加すると，ノッキングしやすくなるため，直噴化も併用して圧縮比を上げるようにした実用例も多い．ダウンサイジングでは，文字通りエンジンが軽くなるメリットもある．

f) スロットルバルブの廃止とアトキンソンサイクル

街中の低速度運転（エンジン低回転，低負荷条件）で，スロットルバルブによる空気流量を低減させることをやめれば，当然，そのバルブの絞り部での摩擦損失分が，仕事（動力）に変換されるので，熱効率は上がる．

最近のガソリンエンジンの中には，吸排気の導入時期・期間・バルブリフト等を可変にできるポペットバルブ機構を有するものも出てきている．このような新たなタイプのエンジンでは，街中の低速度運転（エンジン低回転，低負荷条件）では，吸気をするための吸気ポペットバルブ開口時間を短くすることによって，吸入空気量を減らし，スロットルバルブに依存しない方向のものもある．そもそも，吸気系に，ポペットバルブとスロットルバルブの2つがあるというのは，ありすぎの感があったので，1つにできれば簡素化のメリットもある．

前章で述べたようにアトキンソンサイクル（ミラーサイクル）は，吸気行程の吸入体積よりも，膨張行程の体積の方を大きくしたサイクルである．これは，膨張行程の体積を従来エンジンのままに設定して考えると，吸入空気体積（量）が減るので，スロットルバルブで吸入空気量を減らさなくてよくなり，

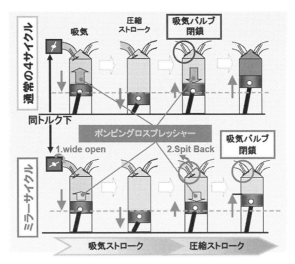

図 I.1.2 ミラーサイクルを適用したガソリンエンジン

HR12DDR には通常のエンジンより長く吸気バルブを開くミラーサイクルを採用している．通常の4サイクルエンジンでは吸気バルブが閉鎖してしまう圧縮行程にあっても，ミラーサイクルエンジンの吸気バルブは開いている．

日産ホームページ（http://www.nissan-global.com/JP/TECHNOLOGY/OVERVIEW/hr12ddr.html）より．

低速，低負荷での走行における熱効率向上となる（近い効果のシステムの例として，図 I.1.2 を参照）．

　ガソリンエンジンはディーゼルエンジンよりも低価格である点で，高価な電池とのハイブリッドシステムには向いている．また，電池で，アトキンソンサイクル化（ミラーサイクル化）することによる最大出力低下分を補いつつ，アトキンソンサイクル化のメリットである熱効率も向上させている．

g）　レンジエクステンダー

　上述したように，ガソリンエンジンは低速，低負荷域で熱効率が極端に低下する．よって最近，熱効率の高い高負荷，高回転のみでエンジンを回して発電，バッテリーにため出力はそのバッテリーからモーターで駆動させる方式も増えてきている．この方式のエンジンをレンジエクステンダーと呼び，このハイブリッド形式をシリーズ方式と呼ぶ．

h) ディーゼルエンジン

前述したように，軽油は気化しにくいこともあって，燃焼室内に直接噴射されている．そのため，予混合になりにくく，燃料の濃い部分からスス（PM）が出やすいが，燃料噴射系の超高燃圧化（1000気圧以上）によって，ススとNO_xの両方を大幅低減できるようになったことは重要だ（木村ら）．

i) 断熱化

ガソリンエンジンでは予混合化することが多いので，燃焼室側壁，ヘッド，ピストン表面に，高温の燃焼ガス（既燃焼ガス）を接触させないことはかなり難しく，冷却水にかなりのエネルギーを捨てており，熱効率の大幅向上ができてこなかった．特に，最も高温になる圧縮行程終了時付近での伝熱量が大きいわけで，その際，ピストンはヘッドに最も近く，ヘッドとピストンへの高温燃焼ガスの接触を避けるのは難しい（圧縮行程終了時付近では，ヘッドとピストン表面面積の方が側壁よりも面積も大きい）．最近ガソリンの自己着火の研究が進んできているが，これも予混合を前提としているものが多く，大幅な断熱化は難しいと思われる．

ディーゼルエンジンのように，燃料を主に圧縮行程終了時近くになってから噴射するケースでは，燃料がエンジン中心付近にとどまりやすくなるが，それでも，ピストン表面に，凹状のくぼみがあり，表面積を増加させてしまうことや，燃焼による膨張流があること等の理由で，従来型のレシプロエンジンで大幅な断熱化（thermal insulation）は難しいと思われる．ただし，いくつかの試みが進行中なので，それらについては以下の章で記述する．

以上，ガソリンエンジンについてのキーポイントと最近の動向について述べたが，以下の参考文献に詳しい説明があるので，興味のある方は参考にされたい．

〔内藤　健〕

文　献

[1] 伊東輝之, 岸　一昭, 清水雅之ら, (2016) 新型4気筒2.0 L直噴ガソリンエンジンの開発-環境性能を実現する技術-, 自動車技術会大会学術講演会講演予稿集（CD-ROM），No.20166136.
[2] 佐藤　健, 小林　敦, 髙橋　翔, 大河内雅幸, (2012) 新型3気筒1.2リッタ直噴スーパーチャージャーエンジンHR12DDRの開発, 自動車技術会シンポジウムテキスト.

文　　献

[3] 中島泰夫, 村中重夫 編著, (1999) 改訂・自動車用ガソリンエンジン, 山海堂.
[4] 村山　正, 常本秀幸, (2009) 自動車エンジン工学［第2版］, 東京電機大学出版局.
[5] Itabashi, S., E. Murase, H. Tanaka, M. Yamaguchi, *et al.*, (2017) New Combustion and Powertrain Control Technologies for Fun-to-Drive Dynamic Performance and Better Fuel Economy, *SAE Technical Paper* 2017-01-0589, doi: 10.4271/2017-01-0589.
[6] Kimura, S., O. Aoki, H. Ogawa, S. Muranaka, *et al.*, (1999) New Combustion Concept for Ultra-Clean and High-Efficiency Small DI Diesel Engines, *SAE Technical Paper* 1999-01-3681, https://doi.org/10.4271/1999-01-3681.
[7] Naitoh K., (1996) Fuel Injection Nozzle, United States Patent. Patent number 5533482.
[8] Olesky, L.M., J.B. Martz, G.A. Lavoie, J. Vavra, *et al.*, (2013) The Effect of Spark Timing, Unburned Gas Temperature, and Negative Valve Overlap on the Rate of Stoichiometric Spark Assisted Compression Ignition Combustion, *Applied Energy*, **105**, 407–417, doi: 10.1016/j.apenergy.2013.01.038.
[9] Shinmura, N., Naitoh, K. *et al.*, (2013) Cycle-Resolved Computations of Stratified-Charge Turbulent Combustion in Direct Injection Engine, *JSME International Journal*, **8**(1).
[10] Takagi, Y., T. Itoh, S. Muranaka, A. Iiyama, K. Naitoh, *et al.*, (1998) Simultaneous Attainment of Low Fuel Consumption High Output Power and Low Exhaust Emissions in Direct Injection SI Engines, *SAE Technical Paper* 980149, doi:10.4271/980149.
[11] Takagi, Y. *et al.*, (2017) Improvement of Thermal Efficiency and Reduction of NO_x Emissions by Burning a Controlled Jet Plume in High-Pressure Direct-Injection Hydrogen Engines, *International Journal of Hydrogen Energy*, **42**(41), 26114–26122.
[12] Xiong, Q., Y. Moriyoshi, K. Morikawa, Y. Takahashi, *et al.*, (2017) Improvement in Thermal Efficiency of Lean Burn Pre-Chamber Natural Gas Engine by Optimization of Combustion System, *SAE Technical Paper* 2017-01-0782, doi: 10.4271/2017-01-0782.

　自動車用レシプロエンジンでは膨大な研究がなされてきているが，本章は基礎的な部分の記述しかできていない．自動車技術会の論文集と米国自動車技術会の学術論文集である *SAE Technical paper*（https://www.sae.org/）等を参照のこと．
　なお，本書の執筆時点で学術論文・講演論文になっていない技術については，記載は難しかった場合もあるので，ご容赦いただきたい．なお，それらについても意識して，関連する基礎事項（従来から知られているコンセプト等）は記載している．

第 I 部　自動車用エンジン

第2章
低圧縮比クリーンディーゼルエンジン

　本章では低圧縮比クリーンディーゼルエンジン SKYACTIV-D の開発事例を題材にして，最新の乗用車用ディーゼルエンジンの燃焼技術とその開発プロセスについて述べる．SKYACTIV-D の開発の特徴は，初めにエンジンにおける燃焼の理想（ideal combustion）を定義し，次に理想に向けた開発目標を達成するためにどのような機能（＝物理現象の制御）を強化すべきかについての構想を経て，実現手段として適切な新技術を採用するという機能先行型のプロセスにある．これは既存のエンジンに手段である新技術を追加して，結果として性能の改善を図る結果管理型の開発プロセスとは対照的である．章の前半では SKYACTIV-D の技術構想について，後半ではその実現のために取り組んだ個々の燃焼技術と，それらの効果についての検証結果を述べる．個々の燃焼技術のさらなる詳細については，章末に示した文献を参考にされたい．

図 I.2.1　SKYACTIV-D 低圧縮比クリーンディーゼルエンジン

I.2.1　内燃機関の理想燃焼

　内燃機関の燃焼には温室効果ガス（greenhouse-effect gas）である二酸化炭素（CO_2）削減のための高い熱効率（thermal efficiency）と，大気汚染抑制のためのクリーンな排気（emissions）の両方が求められる．高い熱効率は図I.2.2左に示す熱勘定（heat balance）の各損失，排気損失（exhaust loss），冷却損失（cooling loss），ポンプ損失（pumping loss），機械損失（mechanical loss）を低減することで得られる．その実現方法として内燃機関を設計する際に制御可能な因子は「圧縮比（compression ratio）を高める」，「比熱比（specific heat ratio）を高める」，「燃焼期間（combustion period）を短くする」，「燃焼時期（combustion timing）を上死点付近の最適値にする」，「燃焼室壁面への熱伝達（heat transfer to wall）を小さくする」，「吸排気の圧力差（pressure difference between intake and exhaust gas）を小さくする」，「摩擦抵抗（friction resistance）を小さくする」の7つに集約される．これら7つの制御因子すべてを理想状態にした燃焼が熱効率に関する理想形である．従来の自動車用内燃機関の制御因子の状態は，ガソリン機関では特に圧縮比，比熱比，吸排気圧力差が，ディーゼル機関では燃焼期間・時期，摩擦抵抗が理想と乖離していたが，図I.2.2に示すようにマツダではこれらを改善するための

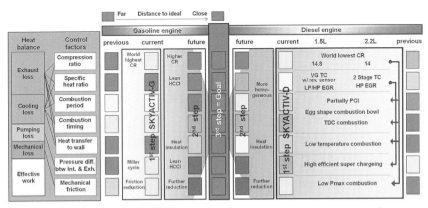

図I.2.2　内燃機関の熱効率改善のための制御因子と理想状態へのロードマップ
（森永ら，2012；平林ら，2014より）

取り組みをガソリンおよびディーゼルの両面から進めている（人見，2010）．

一方，大気汚染に影響を及ぼすディーゼル燃焼の排気生成物は，図Ⅰ.2.3左の可視化写真でも観察できる燃料と空気の混合当量比（equivalence ratio）や燃焼温度の不均質さ（heterogeneity）に支配されている．火炎温度が高い領域（$T>2000\,\mathrm{K}$）からは窒素酸化物（NO_x）が，当量比がリッチな領域（$\varPhi>2$）からはすす（Soot）が発生する（Kamimoto and Bae，1988；Akihama *et al*.，2001）．一方で火炎温度が低い領域（$T<1500\,\mathrm{K}$）では燃料の酸化反応が完結しないために未燃炭化水素（HC）や一酸化炭素（CO）が増加する．これらの有害な成分の生成領域を避けた混合気分布による燃焼が，クリーン排気からの理想形である（志茂ら，2011）．

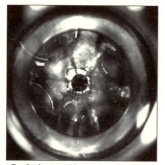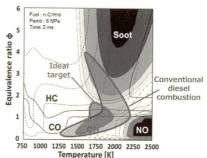

図Ⅰ.2.3　ディーゼル燃焼の可視化写真および有害排出物生成量と混合気当量比 φ-燃焼温度 T の関係（志茂ら，2013より）

Ⅰ.2.2　開発のねらいと技術コンセプト

マツダは，走り，燃費，環境性能への下記の価値の提供をねらってSKYACTIV-Dクリーンディーゼルエンジン 2.2 L/1.5 L を開発した．
　・走り：高回転までのリニアなトルク特性によるスムーズな加速
　・燃費：クラストップレベルの低燃費，ハイブリッド車に負けない経済合理性

・環境：NO_x後処理なしで排ガス規制に適合するクリーン燃焼，優れた静粛性

これらの価値を実現するため，図I.2.2の熱効率および図I.2.3のクリーン排気の両面から理想の燃焼への機能的なアプローチに取り組んだ．その技術構想を図I.2.4に示す．低圧縮比は単独では熱効率を低下させる因子であるが，低圧縮比を活かした着火遅れ期間の確保による予混合型（PCI）燃焼や最高燃焼圧力（P_{max}）の低減，更にはエッグシェイプ燃焼室などの技術の組み合わせによって，燃焼時期と期間の改善，および機械抵抗を低減して熱効率の大幅改善を図っている．同時に高効率過給と組み合わせた低温リーン燃焼によって大幅な排気クリーン化を図っている（Sakono et al., 2011）．これらの技術の詳細について以降で説明していく．

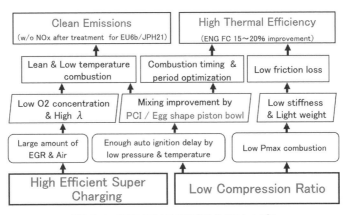

図I.2.4 SKYACTIV-D 低圧縮比燃焼コンセプト
(Sakono et al., 2011 より)

I.2.3 エンジン諸元

SKYACTIV-D 2.2 L/1.5 L のエンジン主要諸元を表I.2.1に示す．SKYACTIV-D 2.2 L は乗用車用ディーゼルエンジンで世界一低い圧縮比14と2ステージターボチャージャーによる高効率過給システムを採用している．SKYACTIV-D 1.5 L も小型車用小ボアディーゼルエンジンとしては世界一の

表 I.2.1 SKYACTIV-D 2.2 L/1.5 L エンジン諸元

Engine	Previous model 2.2 L	SKYACTIV-D 2.2 L	SKYACTIV-D 2.2 L	SKYACTIV-D 1.5 L
Engine Type	In-line4 Diesel Engine	←		←
Displacement	2184 cm^3	2188 cm^3		1498 cm^3
Bore×Stroke	ϕ86 × 94 mm	ϕ86 × 94.2 mm		ϕ76 × 82.6 mm
Compression Ratio	16.3	14	14.4	14.8
Fuel Injection System	Solenoid Actuator (Max. 200 MPa)	Piezo Actuator (Max. 200 MPa)		Solenoid Actuator (Max. 200 MPa)
Nozzle Type	Φ 0.12 × 10 holes	Φ 0.13 × 10 holes		Φ 0.1 × 10 holes with Short Hole Length
Turbocharger	Variable Geometry	Serial Sequential 2-Stage		Variable Geometry with Speed Sensor
		Fixed Geometry × 2	Fixed + Variable Geometry	
EGR System	High Pressure with & w/o Cooling	←		High Pressure w/o Cooler & Low Pressure with Cooler
After-Treatment System	DOC + DPF	DOC + DPF (+ SCR) (For EURO6d)		DOC + DPF
Emission Regulations	EURO5	JPN H21 EURO6b	JPN H30 EURO6d temp	JPN H21 EURO6b
Maximum Torque	400 Nm @2000 rpm	420 Nm @2000 rpm	450 Nm @2000 rpm	270 Nm @1600–2500 rpm
Maximum Power	136 kW @3500 rpm	129 kw @4500 rpm	140 kw @4500 rpm	77 kw @4000 rpm
Equipped Vehicle	Mazda6	CX-5, Atenza, Axela	CX-8	Demio, CX-3, Axela
Released Year	2008	2012	2017	2014

2018 年 1 月時点.

低圧縮比14.8と，排気再循環（EGRガス）と新気（外気）を同時に過給するlow pressure（LP）EGRおよび精密な過給制御を可能にする回転センサー付可変容量ターボチャージャーによる高効率過給を採用している（森永ら，2012；平林ら，2014；山谷ら，2017）．

I.2.4　主要な革新技術

a）着火性改善

スパークプラグを持たないディーゼルエンジンでは，筒内の圧縮空気中に燃料を噴射し，形成した噴霧混合気が自己着火（auto ignition，以降，着火と表記する）することで燃焼が始まる．始動時や冷間時にはグロープラグによる着火補助を使うが，寿命や電力ロスの問題から常時使い続けることはできない．したがって，低圧縮比化を実現するための大きな課題は噴霧混合気の着火性確保である．噴霧混合気の着火性確保とは，噴霧混合気が着火に至るまでの着火遅れ期間を，ピストンが上死点（TDC）付近に位置していて燃焼圧力を有効に仕事へと変換することができる所定の時間内に収めることである．化学反応の摂理から図I.2.5に示すように圧力（P），温度（T），噴霧混合気の当量比（ϕ）を高めることによって着火遅れ期間（τ）の短縮が可能である．したがっ

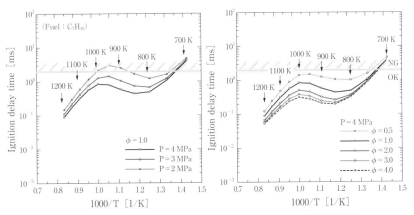

図I.2.5　圧力，温度，当量比と着火遅れの関係についての理論計算結果
（志茂ら，2013より）

て，τ を所定の時間に収めるために P，T，ϕ を高めることが，着火性の確保のための解決策となる．エンジンでは運転負荷が低いほど P，T，ϕ を高めるのが難しいため，軸トルクがゼロとなる無負荷条件（図示トルク＝エンジン抵抗）が最も着火性の確保が難しい条件となる．ここで，SKYACTIV-D 2.2 L

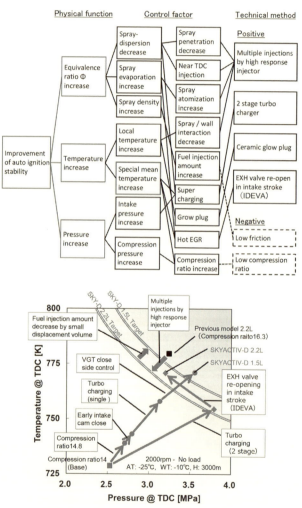

図I.2.6 着火遅れの制御因子（上）と着火性確保技術の組み合わせ（下）
（志茂ら，2013；平林ら，2014 より）

で実施した P, T, ϕ を高めるための制御因子と手法の機能系統図を図 I.2.6 上に示す．また各手法の効果を図 I.2.6 下に示す．

まず高応答インジェクターを用いた少量多段燃料噴射によるリッチ混合気形成（ϕ 増大）によって，従来の 2.2 L モデル（圧縮比 16.3）よりも着火の確保に必要な圧力と温度の目標を軽減させる．その上で小型ターボによる過給圧上昇，排気バルブ 2 度開き機構（IDEVA, intake stroke EGR using double exhaust valve actuation system）による温度上昇を組み合わせることで着火性の確保を達成している（図 I.2.6 下中の矢印参照）．図 I.2.6 下には SKYACTIV-D 1.5 L の場合も併記している．SKYACTIV-D 1.5 L においては排気量が小さい分だけエンジン抵抗が小さくなるので，無負荷における噴射燃料量が少なくなる．このため，形成される噴霧混合気の ϕ が 2.2 L の場合よりも低下（リーン化）するために，着火の確保に必要な圧力と温度の目標が高くなる．これに対応するため可変容量ターボのベーン精密絞り制御，および圧縮比を 14.8 にすることで着火性を確保している（志茂ら, 2013）．

b) 予混合型（PCI）燃焼

SKYACTIV-D では高応答インジェクターを用いた燃料多段噴射によって図 I.2.7 のように燃費，排気，騒音（NVH），および出力の各性能を最適化する燃焼制御を行っている．この中で低〜中回転・軽負荷領域においては，クリーン排気と燃費の両面で理想を追求した予混合型（PCI, premixed compression ignition）燃焼を実用化している．

従来のディーゼル燃焼，NO_x と Soot（すす）の同時低減を図った既存の低エミッション燃焼コンセプト，および SKYACTIV-D の PCI 燃焼コンセプトの比較を図 I.2.8 左に示す．Φ-T マップ上での混合気使用域が示す通り，従来のディーゼル燃焼は NO_x と Soot の生成領域に大きく入り込んでおり，NO_x と Soot が多量に排出されることを示している（図 I.2.8 左①）．一方，既存の低エミッション燃焼コンセプトでは NO_x と Soot の生成を回避しており，これらの低減を実現している．しかしながら，Soot 領域を低温側に回避することに伴う HC・CO の増加や，Soot 領域を低当量比側に回避するための長い予混合期間に伴う TDC への着火時期制御性の低下，あるいは必要な予混合期間を確

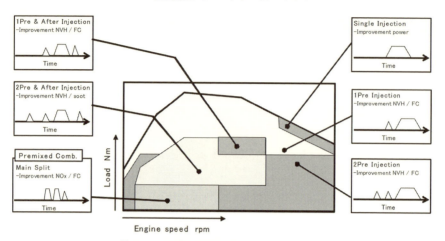

図 I.2.7　燃料多段噴射を用いた燃焼制御マップ
（森永ら，2012 より）

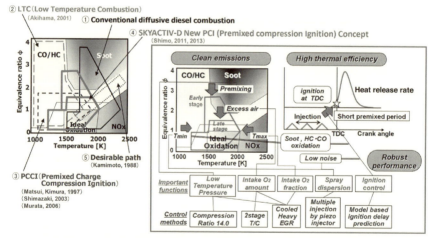

図 I.2.8　各種クリーン排気燃焼コンセプト，および SKYACTIV-D 予混合型燃焼コンセプトの比較
（Kamimoto and Bae，1988；松井ら，1997；Akihama et al., 2001；Shimazaki, 2003；Murata, 2006；志茂ら，2011；2013 より）

保するために燃焼時期をあえて TDC から大きく遅延させる場合等があった（図 I.2.8 左②③）．これらの特性は燃費面での理想を必ずしも追求していなかった．

これに対して SKYACTIV-D の PCI 燃焼コンセプトでは，NO_x と Soot の

低減に加えて未燃損失となる HC・CO の抑制，および理想的な燃焼時期である TDC への着火制御性を実現している（図 I.2.8 左④）．その具体的な制御方法を図 I.2.8 右に示す．SKYACTIV-D の PCI 燃焼コンセプトでは，低い圧縮温度・圧力，多量 EGR，高い空気過剰率を組み合わせることで，長過ぎない予混合期間を作って燃料噴射時期の操作による着火時期の制御をねらった．そのために過度な予混合化はさせずに ϕ-T マップ上での Soot 領域を完全に回避させるのではなく通過させて，一時的に発生した Soot はその後に酸化させるコンセプトとした．酸素濃度を下げ過ぎないことと多段噴射により噴霧の過剰分散を抑制することによって，局所火炎温度の極端な低下を避けて HC・CO の酸化を促進し未燃損失を抑制している．また，長過ぎない予混合期間は，噴射時期操作による着火時期制御性も向上させる．これにより過渡等の外乱に対しても燃料噴射時期の操作によって着火を TDC に制御することで，燃費，排気，燃焼音の安定した性能維持をねらった．実現手段として低圧縮比，高効率過給，大型 EGR クーラーによるクールド EGR，高応答インジェクター，オンボード着火時期モデル制御を用いる．なお，SKYACTIV-D の PCI 燃焼と，神本らが提唱した Desirable path の燃焼後期での ϕ-T マップの使用領域は重なっている（図 I.2.8 左⑤）．

PCI 燃焼の効果についての検証結果を図 I.2.9 に示す．熱発生率（図 I.2.9

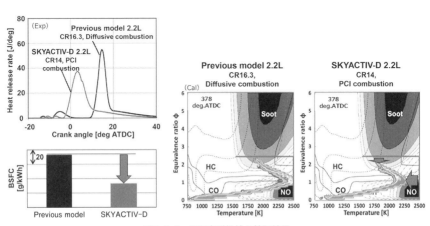

図 I.2.9　予混合型燃焼の検証結果

（志茂ら，2013 より）

左上) において従来2.2 L モデルでは NO_x と Soot を抑制するために TDC から大きくリタードさせた燃焼となっていた．これに対して SKYACTIV-D 2.2 L の PCI 燃焼は TDC での燃焼を実現しており，大幅な燃費改善を達成している（図 I.2.9 左下）．また Φ-T マップ上の混合気分布の 3D-CFD 数値シミュレーション結果からは，高温側の NO_x 領域との重なりを大幅に低減しつつ，高当量比側の Soot 領域との重なりも低減できている．同時に低温側の HC・CO 領域の増大は抑制できている．

次に燃焼時期の制御性についての検証結果を図 I.2.10 に示す．外乱として与えている吸気酸素濃度の変動に対して，燃料噴射時期を操作してねらいである TDC での燃焼時期となるように制御することで，排気，燃費および騒音のすべての性能を目標の範囲に制御できている（志茂ら，2011；2013）．

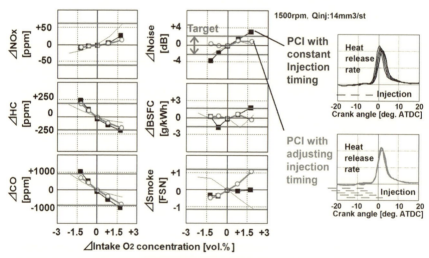

図 I.2.10　予混合型燃焼の噴射時期操作による燃焼制御性
（志茂ら，2013 より）

c) エッグシェイプ燃焼室

図 I.2.7 の燃焼制御マップの中・高負荷の領域では従来からのディーゼル燃焼の形態である拡散型燃焼を用いている．拡散型燃焼において，SKYACTIV-D ではエッグシェイプ燃焼室による混合改善によって，燃焼期

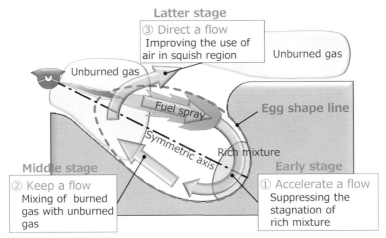

図 I.2.11 エッグシェイプ燃焼室コンセプト
(金ら, 2010 より)

間の短縮と混合気の分布のリーン化を図っている．エッグシェイプ燃焼室の概念を図 I.2.11 に示す．燃焼初期において従来の燃焼室では燃料噴射ノズルから最も遠い位置で燃料と空気の混合気の停滞が起こっていた．その対策として燃焼室カーブの曲率半径を連続的に変化させて燃焼室から最も遠い位置で曲率半径を最小とし，角運動量保存則によって流れを加速して強い縦渦流動を形成させることで混合気の停滞の抑制をねらった（図 I.2.11 ①）．また燃焼中期には，ノズルから燃焼室外周部に向かう燃料噴霧と燃焼室カーブに沿って燃焼室中央方向に戻ってくる混合気が干渉しないように，ノズル位置と燃焼室壁面の噴霧衝突点および反射点を対象形とした．これらによって噴霧の運動エネルギーのロスを最小限に抑えて強い縦渦流動を持続させて，従来は未利用だった燃焼室中央部の空気との混合促進をねらった（図 I.2.11 ②）．さらに燃焼後期には，燃焼室中心付近の壁面のカーブによってピストン位置の低下によって生じるピストン頂面上部の空間に縦渦流動を方向付けることで，従来は未利用だったピストン上部の空気を利用することで混合促進をねらった（図 I.2.11 ③）．従来モデルの燃焼室とエッグシェイプ燃焼室の燃料と空気の混合能力の比較を 3D-CFD 数値シミュレーションを用いて検証した結果を図 I.2.12 に示す．エッグシェイプ燃焼室ではねらい通りに燃焼室内で強い縦渦が形成され，

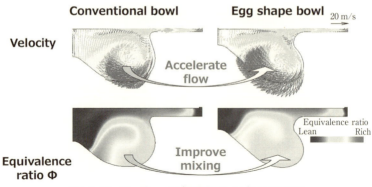

図 I.2.12　エッグシェイプ燃焼室コンセプトの検証結果
(Kim *et al.*, 2017 より)

これによって燃料と空気の混合促進が得られている（金ら，2010；Kim *et al.*, 2017）．

d) 低 P_{max} 燃焼

SKYACTIV-D 技術コンセプト（図 I.2.4）に示したように，低圧縮比化によって低い最高燃焼圧力（P_{max}）を実現している．圧縮比 16.3 と圧縮比 14 のエンジンで同じ出力を得た場合の実験結果を図 I.2.13 に示す．圧縮比 16.3 の場合の P_{max} が 17 MPa であるのに対して圧縮比 14 の場合は 13.5 MPa まで抑制できている．P_{max} を低く抑えることで図 I.2.14 に示すように往復回転系部品を軽量化できるため，これによって摩擦損失の大幅な低減を達成している（Sakono *et al.*, 2011）．

e) 高効率過給

SKYACTIV-D 技術コンセプト（図 I.2.4）に示したように，低圧縮比と並ぶもう 1 つの技術の柱が高効率過給である．その実現のため SKYACTIV-D 2.2 L では大小異なるサイズの 2 つのターボチャージャーを直列につないだ 2 ステージターボシステムを，SKYACTIV-D 1.5 L ではシングルながらも可変ジオメトリーターボチャージャーを回転限界一杯まで使い切るための回転数センサーを設けたシステムを採用している．ここでは SKYACTIV-D 2.2 L の 2

I.2.4 主要な革新技術

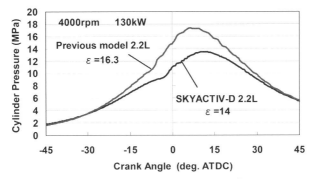

図 I.2.13　圧縮比の最高燃焼圧力への影響
(Sakono et al., 2011 より)

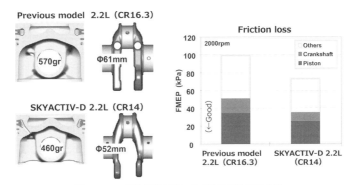

図 I.2.14　構造系軽量化による摩擦抵抗低減効果
(志茂ら，2013 より)

ステージターボシステムについて説明する．

　SKYACTIV-D 技術コンセプトにおいて高効率過給システムに求められる具体的な機能は大きく 3 つあり，運転領域で異なる（図 I.2.15 上）．

①実用域：クリーン排気と加速レスポンスのために，多量 EGR を用いてターボを作動させるガス流量が少ない場合であっても，十分な過給ができること

②全負荷域：低回転域から 5000 rpm を超える高回転域までワイドレンジで高過給ができること

③無負荷域：低外気温や冷間状態でも安定した自己着火が可能な筒内圧力を

得るため低回転の無負荷領域でも過給できること

これらの機能要求を満たすために最適な高圧側小サイズターボと低圧側大サイズターボの2つのターボおよび排気タービン側にレギュレーティングバルブ（R/V），ウェイストゲートバルブ（W/G），吸気コンプレッサ側にコンプレッサバイパスバルブ（CBV）の3つの空気制御バルブを備えたシステムとしている（図 I.2.15 下）（旗生ら，2013）．

I.2.5 主要性能

これまでに説明してきた革新技術を取り入れた SKYACTIV-D における走り／燃費／環境の各性能についての検証結果を示す．

まず走りの性能を代表する全負荷トルク／出力性能を図 I.2.16 に示す．従来の 2.2 L モデルが 3500 rpm 以上で頭打ちになるのに対して SKYACTIV-D 2.2 L/1.5 L は 5000 rpm まで伸びやかでリニアなトルク／出力特性を実現している．

次に燃費の代表性能として 2000 回転における正味燃費率（BSFC）を図 I.2.17 に示す．SKYACTIV-D 2.2 L/1.5 L は従来の 2.2 L モデルと比べて横軸の負荷を排気量で正規化した各平均有効圧 BMEP [kPa] において 15～20％の大幅な燃費低減を達成している．また横軸の負荷を絶対値トルク [Nm] で表すと，SKYACTIV-D 1.5 L は 100 Nm 以下の常用走行域においてとりわけ低燃費を達成していることが分かる．

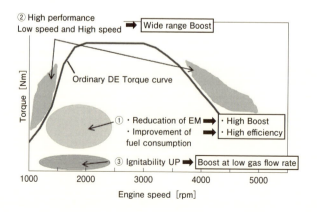

I.2.5 主要性能

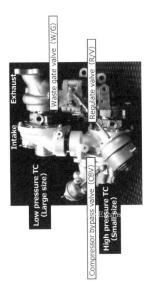

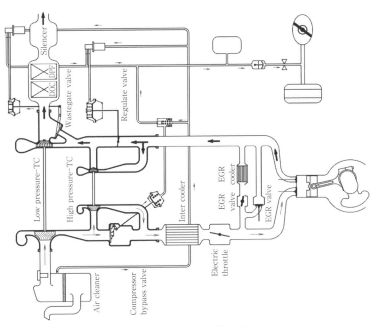

図 I.2.15 2ステージターボシステム
(旗生ら,2013 より改変)

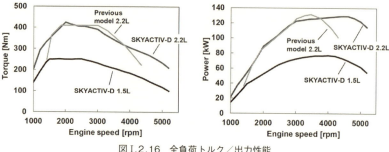

図 I.2.16　全負荷トルク／出力性能
（森永ら，2012；平林ら，2014 より）

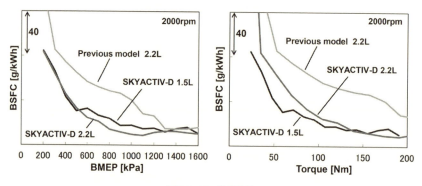

図 I.2.17　燃費性能
（森永ら，2012；平林ら，2014 より）

環境性能の代表特性として排気 NO_x 量を図 I.2.18 に示す．従来の 2.2 L モデルに対して SKYACTIV-D 2.2 L は軽負荷（BMEP 300 kPa）で 8 割減，中負荷（BMEP 600 kPa）で 7 割減を達成している．SKYACTIV-D 1.5 L ではそこから更なる半減を達成している．負荷を絶対値トルク 50 Nm および 100 Nm で整理した場合でも SKYACTIV-D 1.5 L は 2.2 L と同等以下のクリーンな排気を達成している（森永ら，2012；平林ら，2014）．

I.2.6　まとめと展望

内燃機関の理想の追求から生まれた SKYACTIV-D クリーンディーゼルエンジンは，低圧縮比を特徴とした独自の技術コンセプトにより，走り／燃費／

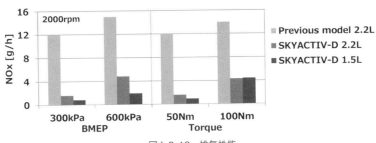

図 I.2.18 排気性能
(森永, 2012；平林, 2014 より)

　環境性能のすべての性能の高次元でのバランスを実現した．しかしながら，内燃機関のゴールである理想状態の実現に向けては道半ばであり，未だ開発の余地は残されている．将来にわたって大多数の乗用車がいまだ内燃機関を搭載すると予想され（例えば，国際エネルギー機関 IEA は 2035 年時点においても 85％の乗用車が内燃機関を搭載すると予想している（IEA, 2015）），CO_2 削減の柱となるのは内燃機関のさらなる効率改善と，その優れた内燃機関を活用した効率的な電動化技術の組み合わせである．今後は車両の走行段階での CO_2 評価である Tank-to-Wheel 視点だけでなく，エネルギーの採掘，製造，輸送段階での CO_2 評価も含めた Well-to-Wheel 視点を取り入れた CO_2 削減が望まれる．地球を守る Well-to-Wheel 視点で，内燃機関の燃焼の徹底的な理想の追求がますます必要とされている．　　　　　　　　　　〔志茂　大輔〕

文　献

[1] 金　尚奎, 志茂大輔, 片岡一司, (2010) ディーゼル機関における燃焼室形状の改良による排気低減―EGG 燃焼室コンセプトの検証―, 第 21 回内燃機関シンポジウム講演論文集, 135-140.
[2] 志茂大輔, (2013) 低圧縮比ディーゼルエンジンにおける燃費低減技術, 自動車技術会シンポジウムテキスト, 06-12, 40-56.
[3] 志茂大輔, 金　尚奎, 片岡一司, 福田大介, 西田恵哉, (2011) 予混合型ディーゼル燃焼による排気と燃費の低減（第 1 報）, 自動車技術会論文集, 42(4), 867-872.
[4] 志茂大輔, 角田良枝, 金　尚奎, 丸山慶士, 橋本孝芳, 林原　寛, 鐵野雅之, (2013) 予混合型ディーゼル燃焼による排気と燃費の低減（第 3 報）, 自動車技術会論文集, 44(3), 1335-1340.
[5] 旗生篤宏, 丹羽　靖, 丸尾幸治, 出口博明, 寺沢保幸, (2013) 乗用車用新世代クリーンディーゼルエンジン, 自動車技術会論文集, 44(1), 27-32.
[6] 人見光夫, (2010) 内燃機関の将来展望, 第 21 回内燃機関シンポジウム講演論文集, 1-23.

[7] 平林千典, 大西　毅, 白井裕久, 佐藤雅昭, 森永真一, 志茂大輔, (2015) 小排気量クリーンディーゼルエンジン SKYACTIV-D 1.5 の開発, マツダ技報, **32**, 21-27.

[8] 松井幸雄, 木村修二, 小池正生, (1997) 小形 DI ディーゼル機関の新燃焼コンセプト-第1報: 基本燃焼コンセプトの紹介-, 自動車技術会論文集, **28**(1), 41-46.

[9] 森永真一, 詫間修治, 西村博幸, (2012) SKYACTIV-D エンジンの紹介, マツダ技報, **30**, 9-13.

[10] 山谷光隆, 平林千典, 末國栄之介, 上杉康範, 辻　幸治, 松本正義, (2017) クリーンディーゼルエンジン新型 SKYACTIV-D 2.2 の開発, マツダ技報, **34**, 133-138.

[11] Akihama, K., Takatori, Y., Inagaki, K., Sasaki, S. and Dean, A.M., (2001) Mechanism of the Smokeless Rich Diesel Combustion by Reducing Temperature, *SAE Paper* 2001-01-0655.

[12] Kamimoto, T. and Bae, M.-h., (1988) High Combustion Temperature for the Reduction of Particulate in Diesel Engines, *SAE Paper* 880423.

[13] Kim, S., Fukuda, D., Shimo, D., Kataoka, M. and Nishida, K., (2017) Simultaneous Improvement of Exhaust Emissions and Fuel Consumption by Optimization of Combustion Chamber Shape of a Diesel Engine, *International Journal of Engine Research*, **18** (5-6), 412-421.

[14] International Energy Agency, (2015) Energy Technology Perspectives. http://www.iea.org/t&c/, Access date: 2018.5.

[15] Sakono, T., Nakai, E., Kataoka, M., Takamatsu, H. and Terazawa, Y., (2011) MAZDA SKYACTIV-D 2.2 L Diesel Engine, The proceeding of 20th Aachen Colloquium Automobile and Engine Technology, 943-965.

第 I 部　自動車用エンジン

第 3 章
エンジンの断熱とは

　本章は「エンジンの断熱」が，どのようなねらいで取り組まれ，どういった研究開発の経緯をたどってきたかについて理解することを目的としている．まずエンジン熱効率向上のために減らしていかなければならない，各種損失の内訳を解説する．その損失の中でも大きな割合を占める冷却損失の定義から，どのような物理因子によって冷却損失が増減するかを理解する．その関係式から各種低減手法を整理し，エンジン断熱という手段の位置づけとその試みの経緯を学ぶとともに，近年新たに開発された「燃焼室壁温スイング遮熱」についても解説し，最新の研究開発動向の理解を図る．

I.3.1　はじめに

　熱機関の歴史は熱効率向上の追求とともにあったといっても過言ではない．現代のガソリンエンジンの原型を作ったオットーのエンジンは，それまで主流であったルノワールの内燃機関に対して 3 分の 1 の燃料消費率を示し，驚愕したルノワール陣営は隠された動力供給源が別にあるはずだと血眼で捜したという．その後ディーゼルが辛苦の末にそのアイデアを実現した際には，当時の燃費水準からさらに 2 分の 1 に低減した（ディーゼルら，1984）．技術が成熟した近年ではそのような飛躍的改善は困難だが，熱効率向上への要求は当時以上に高まっているともいえる．その背景としては原油価格の高騰といった経済的理由に加え，地球規模の温暖化防止といった環境保護意識の高まりに対応し，自動車の燃費性能に法的規制を設け，これを達成できない企業に対し懲罰的な課税を行う動きがあげられる．いわゆる CAFE（企業平均燃料消費効率）規制というもので，規制値達成のためには，場合によっては大きくて燃費の悪い

車の生産から撤退せざるを得ないという可能性もある．これによって燃費性能は単なる商品性という域を超え，自動車生産者にとっては事業継続のための必達条件として，さらに重要度を増してきている．

　燃費向上のためには，その妨げとなっている各種損失を分析し，低減に取り組む必要がある．内燃機関の各種損失の内訳は，一般的に冷却損失（cooling heat loss, 燃焼ガスの熱が燃焼室壁面から奪われることによる損失），排気損失（exhaust loss, 排気とともに捨てられる熱の損失），機械損失（mechanical loss, 運動部品の摩擦などによる損失），未燃損失（unburned loss, 燃料が完全に燃えないまま排出される損失）などに大別される．図I.3.1は乗用車用過給ディーゼルエンジンのヒートバランス，つまり燃料を燃やして得られる熱がどのように消費されたのかを示したものである．この図からエンジン運転条件が軽負荷の場合は機械損失の割合が大きく，高負荷では排気損失の割合が大きいことが分かる（Kogo *et al*., 2016）．これらの損失は機関運転負荷への依存性が大きいのに対し，つまり機械損失は高負荷ではその影響が非常に小さくなり，排気損失は軽負荷において小さくなるのに対し，冷却損失はいずれの負荷においても大きな割合を占め，比較的割合の低い高負荷でも20～30％を占める．

　一くくりに損失といっても高いエクセルギー，つまり利用可能な熱エネル

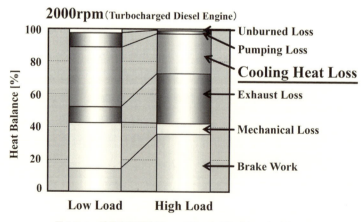

図I.3.1　乗用車用過給ディーゼルエンジンのヒートバランス

ギーを持つ排気損失は，ターボチャージャーによって過給のため利用され，また排ガス後処理触媒の活性化のためにもある程度の排気温度は必須である．さらにハイブリッド車ではエンジン冷却水を加熱し，早期暖機や車室暖房性能の向上に役立てており，将来的には排熱回収による動力変換も検討されている．一方，冷却損失は回収できる温度も低いため車室暖房の他には有効な用途がなく，エンジンでの低減が望まれる．次項ではこの冷却損失低減に関する従来の取り組みと，その中での燃焼室遮熱の位置づけを整理して紹介する．

a) 冷却損失低減へのアプローチ

冷却損失は以下の式で表される．

$$Q_c = \oint h_g \cdot A \cdot (T_g - T_w) \tag{I.3.1}$$

ここで，Q_c は冷却損失，h_g は熱伝達率，A は表面積，T_g は作動ガスの温度，T_w は燃焼室壁の表面温度をそれぞれ表している．式が出てくるとうんざり，という読者もいるかもしれないが，まずはお付き合い願いたい．簡単に言えば，冷却損失の大きさは熱伝達率，表面積，作動ガス温度と燃焼室壁表面温度の差に比例する，ということを示している．それぞれの因子について冷却損失の低減手法の例をあげると，

①熱伝達率の低減：スワール・スキッシュなど，ガス流速を低下させる
②燃焼室表面積の低減：副室⇒直噴式への転換（ディーゼル），燃焼室を球形化するなど
③作動ガス温度を低下させる：リーンバーン，EGR，過給など，空燃比希薄化による燃焼室内平均ガス温度の低下
④燃焼室壁温の高温化：燃焼室壁面に低熱伝導材を使用し，壁面表層温度を上昇させてガスとの温度差を縮小する，遮熱構造とする

などに分類できる．

この中で熱伝達率（thermal transfer coefficient）という概念は，よく熱伝導率（thermal conduction coefficient）と混同され，理解の妨げとなっていることがあるので，以下で簡単に説明する．まず「熱伝導率」は固体なら固体の中，液体なら液体の中と，同じ相の物質内における熱の伝わりやすさを示す物

性である．熱伝導率の高いアルミ板と低い発泡スチロール板（同じ厚さ）の上に熱い鍋を置いて，その下への熱の伝わり方の差をイメージすれば分かりやすい．一方，「熱伝達率」は，流体から固体，固体から流体への熱の伝わりやすさを表す．例えば同じ5℃の気温でも，無風の状態と強風が吹き荒れる状態では体感温度が大きく変わるのは，気体の速度によって熱伝達率が上昇し，体温の奪われ方が大きくなるためである．「熱伝導率」はその物質の物性値であるが，「熱伝達率」は物性値ではなく，ある状態の熱伝達率を理論的に求めるのは困難で，実験で求めるしかない．

上記①～④の分類でいうと，本章で取り上げる断熱・遮熱という手法は，燃焼室壁の表面温度を上げて冷却損失を減らすという手法であり，上の④であげたものにあたる．本章では1980年代前後に巻き起こった断熱エンジンの大きな研究ブームの顛末と，最近開発された新たな燃焼室遮熱コンセプト「燃焼室壁温スイング遮熱技術」について述べていく．

I.3.2　1980年代前後の断熱エンジンブーム

a)　研究の始まり

1978年，米国の大手エンジンメーカーであるカミンズの日系人技術者，Roy Kamo が，TACOM（米陸軍戦車自動車司令部）の Walter Bryzik と共同で，SAE（米国自動車技術会）技術論文集に断熱エンジン（adiabatic engine）のコンセプトを発表した（Kamo and Bryzik, 1978）．その内容はディーゼルエンジンの燃焼室を耐熱性の高いセラミックスで構成し，無冷却とすることで冷却損失を減らし，これによって増えた排気エネルギーをタービンにより回収，その動力を出力軸に戻してさらに熱効率を上げるというものであった（図I.3.2）．彼らは冷却のための補機が不要になることによる損失低減分も加えて23%もの燃費改善を予測し，併せて動力ユニットを22%軽量化できることも示して大きな注目を集めた．

ところで，ここまでは熱効率向上を主題として，遮熱および冷却損失低減について述べてきたが，Kamo と米陸軍にはもう1つの重要なねらいがあった．それは軍用車両のエンジンを前述のように無冷却化し，冷却システムを不要に

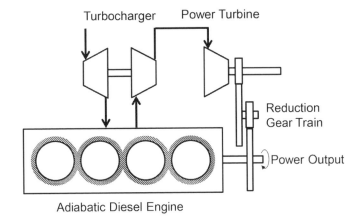

図 I.3.2　断熱ターボコンパウンドエンジン概念図

することである．その理由は，ラジエータやその冷却空気吸排用のグリルが被弾に対して脆弱で，防御上の弱点となっていたこと（図 I.3.3），冷却のための補機損失が大きく，さらには車両搭載上でも場所をとることであった．

　軍事車両は作戦中，道なき道を行き，一般道路ではあり得ないような急勾配も登らなければならず，しかもこのような場合は低速で走行風による冷却も期待できない．そんな状況であっても，オーバーヒートの発生は生還率の大幅な低下に直結するため，万全な冷却能力が必要となる．このため，大きなラジエータと，これまた大きく強力な冷却ファン・冷却水循環ポンプが必要で，その補機駆動損失は最も厳しい条件下では，最大出力の20%以上に達するほどであった．これらの点もふまえ，エンジン冷却装置を撤廃できることは軍用車両にとって被弾防御上，動力効率上，また車両スペース効率上でも非常に大きなメリットがあったのである．

　さらに余談となるが，現代の米軍主力戦車の動力源はガスタービンエンジンである．その採用の大きな理由の1つが悲願の無冷却化であったと推定され，コンパクトにパッケージされた「パワーパック」化により上記被弾防御性と車両スペース効率という2つの課題を解決している．だがそのガスタービンエンジンは，その燃費の悪さから要求される多量かつ頻繁な燃料補給という背反がある．さらに大量の吸入空気を必要とする特性から，湾岸戦争においては砂塵

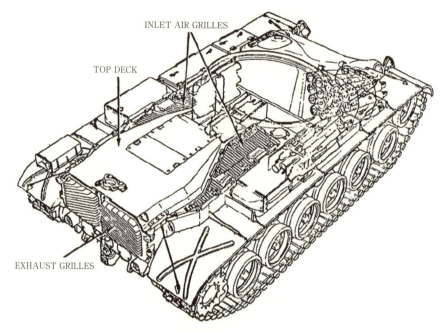

図 I.3.3　戦車の冷却用空気吸入・排気グリル配置の例
被弾防御上の弱点である，エンジン冷却用の吸排気グリルが車両表面の広い範囲を占めていることがわかる（M60 シリーズ戦車）．
（Kamo and Bryzik, 1978 より）
Reprinted with permission from *SAE paper* 780068 SAE International.

を吸い込むことによるトラブルに悩まされたこともあり，米陸軍は現代でもレシプロエンジン回帰の可能性を模索しているようである．

　閑話休題，断熱エンジンに話を戻す．Kamo らと米陸軍は軍用 5 トントラックのエンジンを断熱化してデモ走行を行い，1983 年にはそのプロジェクトについての論文も発表している（Bryzik and Kamo, 1983）．図 I.3.4 はその中でのセラミック断熱部材の適用箇所を示したものであり，ピストン，シリンダヘッドプレート，吸排気弁，シリンダライナなどの燃焼室周囲部材の他，バルブシートやバルブステムガイドにまでセラミック材を適用している．

　Kamo らの論文を目にした世界の自動車メーカーは，これこそ燃費改善の切り札と色めき立ち，こぞって研究開発競争に参入したのである（Toyama *et*

I.3.2 1980年代前後の断熱エンジンブーム

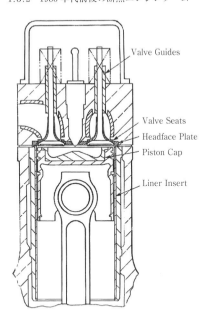

図 I.3.4 断熱エンジン断面図（ジルコニア断熱材配置）
(Bryzik and Kamo, 1983 より)
Reprinted with permission from *SAE paper* 830314 SAE International.

al., 1983；Suzuki *et al.*, 1986；Osawa *et al.*, 1991；Kawamura and Akama, 2003；神本, 2009). 米国ではゼネラルモーターズ, フォード, 日本でも日野自動車や小松製作所などの大型車, 建機メーカー, 京セラや日本ガイシのような素材メーカーが研究開発競争に参入した. 中でもいすゞ自動車は耐熱素材からこれを組み入れたエンジンまでを一貫して研究開発する専門の研究所,「いすゞセラミック研究所」を設立するほど力を入れた. そしてその成果の一部として, 当時同社で生産していた乗用車「ジェミニ」に, 京セラと共同で開発したセラミックで燃焼室の一部を構成し, 断熱化したディーゼルエンジンを搭載してデモ走行まで行い, その様子は1982年のNHKテレビの正月番組で放映されて, 大きな話題となったのである（図 I.3.5-7）（日本セラミックス協会, 2007).

セラミックスや耐熱材料で断熱を図った研究者がまず直面したのは材料の問題であった. なにしろセラミックスといえば茶碗や皿のような, 瀬戸物の仲間

図 I.3.5　断熱エンジンを搭載しデモ走行する車両
（日本セラミックス協会，2007 より）

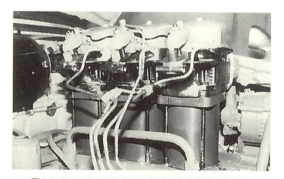

図 I.3.6　いすゞジェミニに搭載された断熱エンジン
ジェミニに搭載しデモ走行した断熱エンジン．空冷 3 気筒の三井ドイツディーゼル社製，型式 F3L913，排気量 2800 cc，58 馬力をベースとしてシリンダ，ピストン，ヘッドプレートなどを耐熱材の窒化ケイ素に変更．シリンダ表面はフィンのない平滑な形状で，無冷却であることを象徴している．
（日本セラミックス協会，2007 より）

である．通常エンジンで使われている金属のエンジン部品と比べ，硬くて加工しにくい，割れる，熱衝撃に弱いという問題に苦しめられながら改良が重ねられた．その結果，窒化ケイ素のように耐熱性に優れ，熱膨張係数も小さいことから熱衝撃に強く，かつ高強度の材料が開発されることで，何とか安定して運転ができる試作エンジンまでこぎつけた．そして前述の無冷却でのデモ走行や，耐久試験までこなせるまでになったのである．

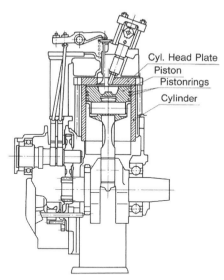

図 I.3.7 いすゞ・京セラ開発の断熱エンジン断面図
ジェミニに搭載しデモ走行した断熱エンジンの断面
図. 窒化ケイ素材への変更部位を示している.
(日本セラミックス協会, 2007 より)

b) その後の研究

では次にこれらの断熱エンジンが, 冷却損失を低減し, 熱効率を向上できたのかを見ていきたい. 結論から言って全般的には答えは否である. これを端的に評価・報告したのが内燃機関の冷却損失を表す「ヴォシニの式」で有名なG. ヴォシニ (Woschni) らである (Woschni et al., 1987). 論文タイトルを直訳すると, 「燃焼室壁の断熱－内燃機関燃費低減の有効手段か？」といった意味合いで, いきなりタイトルに「？」が付いていることに目がいくが, 内容もそれに対応して断熱エンジンの燃費効果に疑問を呈するものとなっている. 彼らはニモニック (Nimonic) というニッケル-クロム系の耐熱材料でピストン燃焼室を構成し, その背面を空気ギャップとするとともにピストン本体のアルミ合金との接触面積を極力減らして遮熱を図り, エンジン実機評価を行っている. その結果, ごく軽負荷の運転条件以外のほぼ全域で燃費は改善するどころかえって悪化してしまっている (図 I.3.8). このときのピストン表面温度は約 600℃に達しているので, 狙い通りに行けばガス温度と壁面温度の差が

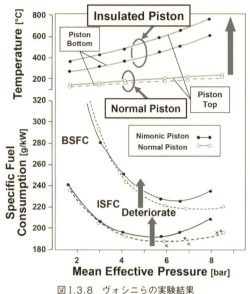

図 I.3.8 ヴォシニらの実験結果
(Woschni *et al.*, 1987 より)
Reprinted with permission from *SAE paper* 870339 SAE International.

減少し，冷却損失が減って燃費が改善するはずであった．ところがその冷却損失を調べてみると，ほとんど減っていないことが分かった．その理由は，高温になったピストンが吸気行程において吸入した新気を加熱してしまい，これを圧縮・燃焼させることでサイクル中のガス温度レベル自体が上がったので，結局燃焼室壁温度と燃焼ガス温度の差は縮まらず，冷却損失はほとんど減らなかったということである．

この吸気加熱という現象は，排気ガス成分にも大きな影響を与え，窒素酸化物（NO_x）と，黒煙として見えるすすの排出量が大幅に増大してしまったのである．ディーゼル燃焼で発生する NO_x の量は燃焼ガス温度が高温であるほど多くなるため，吸気加熱により燃焼温度が上がったことで増加したのである．また，通常よりも高温となった圧縮空気中に噴射された燃料は，十分空気と混ざる前に着火してしまうことと，高温となるほど粘性が増す空気の物性のために，空気と燃料蒸気の混合が悪化し，結果として燃料分が濃い混合気の部分から多くのすすが生成することになった．

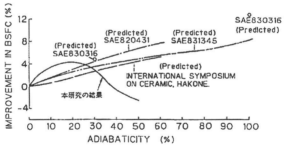

図 I.3.9　断熱エンジンの燃費改善効果
(鈴木ら，1989 より)

　こうして「エンジン燃焼室の断熱化は弊害ばかり大きく，何のメリットも生み出さない」ということが定説化するに従い，それまで取り組んでいた研究者や技術者は次々とこの研究テーマから離れていった．それでも一部の人々，例えば日野自動車の鈴木らは大型トラック用ディーゼルエンジンのピストン，シリンダヘッド，シリンダライナをそれぞれベースの金属材料から耐熱断熱材料にするとともに，水冷やオイルジェット冷却の有無も変更して遮熱度を段階的に変えてその影響を粘り強く調べ，20%程度の遮熱率が最も燃費が改善することを示した（図 I.3.9）（鈴木ら，1989）．このように断熱エンジンブームを単なる狂想曲で終わらせるのではなく，そこから学び知見を残したことは後世への技術資産の蓄積に貢献があったと言える．

I.3.3　新しい遮熱コンセプト（壁温スイング遮熱）

a)　断熱コーティング適用の試み

　断熱エンジンブームが終わりをつげて間もない 1990 年ごろ，当時米国イリノイ大学の Assanis らは，薄いセラミックの断熱コーティングによるエンジン冷却損失低減について発表している（Assanis *et al.*, 1990；1991）．Assanis らは 0.2-0.25 mm ほどの薄いセラミックの遮熱コーティング（ZrO_2，ジルコニア溶射膜，zirconia hot spray coating）を火花点火エンジンのシリンダヘッド，ピストン，吸排気バルブ，ポートに加工し実機試験を行い，トルクで 8-18%，燃費で 5-10% という驚異的な効果を示している．ただ

し，残念ながらこれがどのようなメカニズムで得られたのかはよく解析されておらず，詳細は不明である．後述する筆者らのシミュレーションでもこれほど大きな効果は出ていないことから，この結果は遮熱による冷却損失低減の効果のみではなく，多くの複合要因が影響したものと思われる．例えば論文中データにおいて，セラミックコーティングエンジンの方が点火進角を進められている．これは，吸気ポートへの断熱加工を加えたことによりこの部分での吸気加熱を低減し，冷たい吸気が供給できたことでノックが改善し，この点火進角が可能になったことで燃費改善につながった可能性がうかがわれる．なお，これらの断熱コーティング加工を行ったのは前述した断熱エンジンを最初に発表した，Roy Kamo が起こしたベンチャー企業，アディアバティクス社（adiabatic：「断熱」からの命名）であり，彼らが断熱エンジンの実現に執念を燃やし続けていたことが分かる（Kamo et al., 1991）．

1995年，マサチューセッツ工科大学（MIT）の V. Wong らはシミュレーションで遮熱膜の膜厚と熱物性を変化させ，これによって燃費効果が変化すること，特に膜厚には燃費効果に対して熱物性ごとに最適値が存在することを示した（図 I.3.10）（Wong et al., 1995）．ここで言う熱物性とは熱拡散率

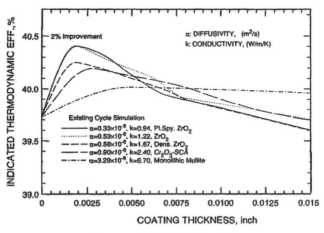

図 I.3.10 遮熱膜厚と燃費の関係

（Wong et al., 1995 より）

Reprinted with permission from *SAE paper* 950980 SAE International.

I.3.3 新しい遮熱コンセプト（壁温スイング遮熱）

(thermal diffusion coefficient または thermal diffusivity）で，いずれも物質内の熱の伝わりやすさの指標であり，断熱材としてはこれらの値が低いほど熱を伝えにくく，望ましい値といえる．それによるとジルコニアのプラズマ溶射皮膜相当の熱物性であれば，0.002 インチ（0.1 mm）の膜厚のときに燃費効果は最大となり，ピストンとシリンダヘッド下面へのコーティングにより約 2% 改善するとしている．この中で Wong は（おそらく初めて）「温度スイング（temperature swing）」という言葉を使って，エンジン 1 サイクル内という短い時間で温度が急速に上昇・下降する現象を表しており，これをエンジン気筒内のガス温度，熱伝達率と一次元の非定常熱伝導計算により求めている．さらに彼らはシリンダライナ（シリンダの内側壁面）へのコーティング効果についても検討し，ピストンコーティング最適膜厚の 5 倍，0.01 インチ（0.5 mm）の膜厚が，フリクション低減効果も含めて最適だとしている．これはかなり野心的な試みではあるが，潤滑摺動面に高温となるセラミックコートを施すことはシリンダライナの耐久性，エンジンオイルの熱劣化などを考えると，実用へのハードルはさらに高いことが予想される．

Assanis らの研究は，それまでの断熱エンジンがほぼすべてディーゼルエンジンを対象にしていたのに対し，ガソリンエンジンでの燃費改善を示した点で画期的だと言える．なぜなら断熱エンジンにおける作動ガスの高温化は，ガソリンエンジンにおいてノッキングや過早着火を引き起こすことが容易に予想されたことから，その悪影響を恐れほとんど検討されていなかったためである．また，そのメカニズムを間接的に示した Wong らの研究も同様に，現在読むととても示唆に富んだものであったことが分かるが，当時あまり話題になった形跡はなく，またその後も記録に残るような目立った研究の発展や実用展開の話は見当らない．その経緯は明確ではないが，当時は断熱エンジンの熱狂的なブームとその神話崩壊のショックが大きく，断熱という言葉を聞いただけで否定するような空気があったこと，またセラミックなどの遮熱コーティングが技術的に難しく，信頼性上も課題が多かったこと，そのため，実験結果の再現性が不十分だったなどの理由があったのではないかと推察される．さらに当時のエンジン技術を取り巻く環境を考えると，大気汚染の深刻化に対応して排気規制が急速に強化された時期と重なっており，企業や大学が，車の生産を継続で

きるかどうかに直接かかわる，排気浄化技術の研究開発にリソーセスを集中したことは，同年代を過ごした技術者・研究者らの経験とも一致する．これらの推測が正しいかどうかはともかく，この後の10数年の間はエンジン燃焼室の断熱に関する文献はごく散発的なものとなり，半ば忘れ去られた過去の研究という存在になっていった．

b) スイング遮熱のアイデアとシミュレーション検討

2000年代に入ってしばらくするとDPF（diesel particulate filter）やSCR（selective catalytic reduction）といった排気後処理システムが一部実用化され，コストはともかく排気規制対応の技術的めどが見えてくると，世界的なCO_2排出削減要求とともに，熱効率向上のための研究ニーズが相対的に重みを増してきた．これに対応する手法としてI.3.1a）の冷却損失低減に取り組む，一部の研究者たちの目は再び過去の断熱エンジンにも向けられ，何がネックで実現されなかったのか，それを解決する手段はあるのかと検討が始められた．

最大の問題点は容易に読み取れた．前述したとおり，高温の断熱壁による吸気加熱である．その解決策として，燃焼・膨張行程のみ高温となってガスと壁の温度差を減らし，ガス交換を行う排気-吸気行程では急速に壁温が下がって吸気加熱を起こさない，つまり壁温度がガス温度に急速に追従すれば，吸気加熱を伴わない遮熱手法ができるのではないか，と考えた人たちがいた．そしてこれを実現する道具立てとして，熱を伝えにくく，かつ温まりやすく冷めやすいという特性を，極限まで高めた断熱材があればよいのではないかと思いついた．とはいってもそのような材料はすぐには入手も開発も困難なため，まずシミュレーションを使って現象と効果の予測を行ったのである．

これらの研究は2010年代に入って発表されはじめる．マツダの藤本らは，高圧縮比化によるサイクル効率向上と，これに伴い増加する冷却損失抑制の両立を狙い，やはりシミュレーションで遮熱の効果を予測している（Fujimoto et al., 2011）．その手法は燃焼室表面に1 mmの厚さで仮想の断熱材を設け，その熱伝導率と比熱（specific heat）をアルミのそれぞれ10分の1から1000分の1，および10分の1から100分の1まで振って計算を行ったものである

I.3.3 新しい遮熱コンセプト（壁温スイング遮熱）

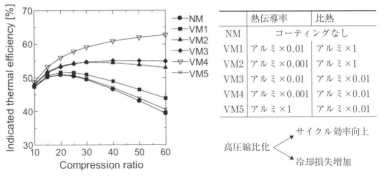

図 I.3.11　圧縮比と図示熱効率のシミュレーション結果

最高効率点はバランスで決まる．遮熱により冷却損失が低減できると最高効率点はより高圧縮比側に移動，効率も改善する．
（Fujimoto et al., 2011 より抜粋）

（図 I.3.11）．結果としては，熱伝導率と比熱が低いほど大きな冷却損失低減効果が得られること，また最高効率を示す圧縮比は高圧縮比化によるサイクル効率の向上と，これに伴い増加する冷却損失のバランスで決まるため，遮熱により冷却損失が低減できると最高効率点はより高圧縮比側に移動し，効率も改善されるとしている．

豊田中央研究所の小坂らは，三次元 CFD（数値流体計算，computational fluid dynamics）およびこれを元に構築した一次元サイクルシミュレーション計算と一次元非定常熱伝導計算を組み合わせ，遮熱膜の熱物性や膜厚の，燃焼室壁表面温度履歴，エンジン性能や熱効率への影響を計算している（小坂ら，2013）．これがエンジン燃焼室での「壁温スイング遮熱技術（thermo-swing wall insulation technology）」であり，図 I.3.12 はそのコンセプトをエンジンクランク角に対するガス温と壁（表面）温度の推移で示したものである．この断熱材に要求される熱物性の指標は，熱を伝えにくい：熱伝導率（thermal conductivity，単位：W/m K）と，温まりやすく冷めやすい：体積比熱（volumetric specific heat，単位：$kJ/m^3 K$）であり，いずれも低い方が望ましいことになる．図 I.3.13 は各種材質の熱物性をプロットしたものであり，身近なものでは空気が最も理想に近いことになるが，同時に燃焼室内の高温と大きな繰返し応力にも耐えられることが必要である．図 I.3.14 は過給ディーゼ

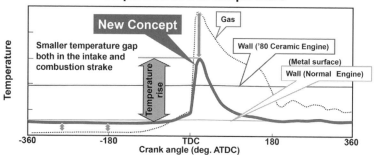

図 I.3.12 壁温スイング遮熱コンセプトと従来エンジンの壁面温度履歴

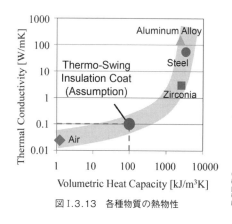

図 I.3.13 各種物質の熱物性

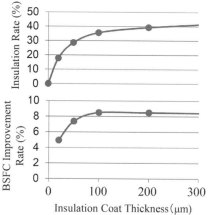

図 I.3.14 遮熱膜厚さと遮熱率・燃費向上率の関係（小坂ら，2013 より）

ルエンジンのピストンとシリンダヘッドに遮熱膜を適用し，膜厚を振ったときの温度スイング幅や燃費改善率の変化を予測したもので，表 I.3.1 はこの計算に使用したエンジン諸元・運転条件を示す．この計算条件では膜厚が 100 μm のときに燃費向上率が最大となっている．また，ベースの金属壁に対する吸気加熱の増減度合いを示した図 I.3.15 より，適切な膜厚・膜の熱物性を選ぶことで，アルミピストンより吸気加熱を低減させる可能性も示し，このことからガソリンエンジンにも適用が可能であるとしている．

なお，小坂らの研究における特徴の 1 つは，熱物性の代表指標の 1 つとして

表 I.3.1 計算に使用したエンジン諸元・条件

Engine Type	Turbo charged DI diesel engine
Bore × Stroke	86 mm × 96 mm
Compression ratio	13.8
Engine Speed	2100 rpm
Fuel injection amount	60 mm³/stroke

（小坂ら，2013 より）

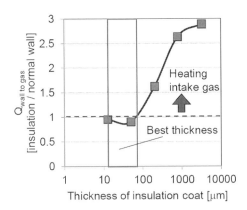

図 I.3.15 遮熱膜厚さと吸気加熱量
適切な熱物性・膜厚の適用により，通常金属壁より
吸気温度の低下が可能であることを示している．
（小坂ら，2013 より）

体積比熱を定義したことである．比熱は物質固有の特性値であるが，どんなに大きく変化しても10数倍程度であるのに対し，体積比熱は密度と比熱の積であり，密度は多孔質化などの構造変更で大きく変えることができる．また，体積比熱と膜厚を規定すれば，遮熱膜の熱容量が決まるため，吸気加熱への影響もより明確に，物理的定義に基づいて予測することが可能となった．

　これらの研究により，壁温スイング遮熱の手法，つまり低熱伝導率・低体積比熱の薄い遮熱膜を燃焼室表面にコーティングすることにより，燃焼室表面温度を筒内ガス温度に追従させて冷却損失と吸気過熱を防止すること，そのための遮熱膜熱物性と膜厚を最適化するための計算手法はかなり確立されてきた．

c) 壁温スイング遮熱の実現

◆ 新たな材料の開発

　理論としてはかなり具体化されてきた壁温スイング遮熱であったが，実現のための最大の課題は何といっても遮熱膜の材質であった．スイング特性のために必要とされる，低熱伝導率・低体積比熱の物質は，例えば身近な例では発泡スチロールなど，世の中に多種存在する．また，燃焼室壁に要求される高温強度・耐熱衝撃性を備える材質も当然ある．しかし，これを同時に満足する材質となると，どこにもなかった．開発を推進するエンジン技術者たちは，たとえ短時間であってもこの技術をエンジン試験で実証し，開発に弾みをつけたいと考えていたが，エンジン計測データをとる間でさえ，機能を維持できる材質はなかった．

　そのような状況の中，トヨタ自動車と豊田中央研究所の合同チームが試行錯誤の末着目したのが，アルミ合金の「陽極酸化皮膜（anodized coating）」であった．「アルマイト」と言った方が聞き覚えのある方が多いかもしれないが，これは理化学研究所の商標名である．通常この陽極酸化皮膜加工の目的は，耐食性・耐摩耗性，またこれに塗料で着色することによる意匠性の向上であり，これらの皮膜は厚さ数〜10数ミクロンと薄く，かつ緻密で硬い．その加工方法は図 I.3.16 に示すように，皮膜を施すアルミ合金材を硫酸やリン酸などの電解液中に浸して陽極，つまりプラスの電圧を印加することで，アルミの溶解と酸化皮膜層の成長が並行して行われるというものである．

　通常のアルマイト皮膜は前述したように薄く緻密だが壁温スイング遮熱膜の材料とするため，彼らは各種成膜条件を調整し，空隙率を高めるとともに膜厚を大幅に厚くした．その結果，膜厚は 100 ミクロン前後，空隙率は 40% 以上まで高めることに成功している．この空隙率はアルミ陽極酸化皮膜が本来持つ，ナノサイズの微細な空孔の拡大と，アルミ鋳物合金中のシリコンや銅などの晶出物が，陽極酸化皮膜の主成分であるアルミナの成長を妨げることによってできるミクロサイズの空孔の，サイズの異なる2種類の空孔によって実現されている．さらに，ディーゼルエンジンで使われる 200 MPa 以上の高圧燃料噴射に耐え得る強度を実現するため，陽極酸化皮膜の表面にパーヒドロポリシラザンという封孔剤を塗布，細孔に含浸させ，これをシリカ（SiO_2）に転化

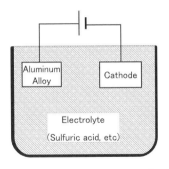

図 I.3.16 陽極酸化皮膜の加工法
電解液中で電圧を印加し，陽極の
アルミにアルミナを成膜する．

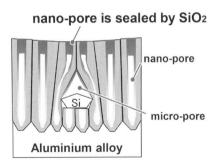

図 I.3.17 シリカ強化多孔質陽極酸化皮膜
「SiRPA」の構造

させることで，強度の向上と表面細孔からの高温高圧ガスの侵入防止を図っている（西川，2016）．その構造の模式図を図 I.3.17 に示す．

このスイング遮熱膜材料は，シリカ強化多孔質陽極酸化皮膜（<u>si</u>lica <u>r</u>einforced <u>p</u>orous <u>a</u>nodized Aluminum），英語の頭文字から「SiRPA（サーパ）」という名前が付けられており，その熱物性は図 I.3.18 に示すようにアルミに対し熱伝導率で 100 分の 1，体積比熱で 2 分の 1 と，従来の断熱エンジンで使われた窒化ケイ素（Si_3N_4）やアルミナ（Al_2O_3）などの耐熱材料に比べても，大幅に良好な値を実現している．

豊田中央研究所の脇坂らはこの遮熱膜を使うことによって燃焼室壁からの熱の逃げがどう変化したのかを，熱流束（heat flux）つまり単位面積あたりの熱の流れを測ることで比較した（図 I.3.19）．計測は熱流束センサという計測器具をエンジン燃焼室内部に露出させる形で取り付け，その先端に遮熱膜を加工しない場合，封孔なしの陽極酸化皮膜を加工した場合，シリカで封孔した SiRPA 膜の場合の 3 条件で，エンジン 1 サイクルを通して平均した熱流束を比較している（脇坂ら，2016）．図から分かるように，封孔なしの陽極酸化皮膜でも熱流束は低減できているが，封孔した SiRPA 膜ではさらに効果が拡大していることが分かる．

◆ エンジンへの適用

2015 年，トヨタ自動車は前記の SiRPA をスイング遮熱膜材料として，世界

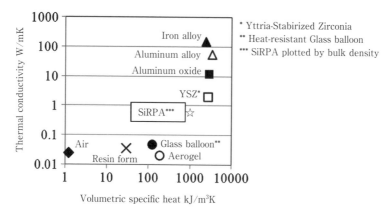

図I.3.18　シリカ強化多孔質陽極酸化皮膜「SiRPA」の熱物性

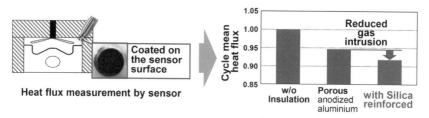

図I.3.19　燃焼室内サイクル平均熱流束計測結果

で初めて量産エンジン（図I.3.20）に適用し，この技術を「壁温スイング遮熱技術」，また英語の"Thermo-Swing Wall INsulation technology"の頭文字から「TSWIN」（ティースウィン）と呼んでいる．

　その適用によるエンジンへの効果を，図I.3.1と同様にヒートバランスで比較したのが図I.3.21である．図より，冷却損失が低減し，正味仕事と排気損失が増加するという，燃焼室遮熱のねらいが実現できていることが分かる．

　図I.3.22が実際に使われているピストンのカットモデルである．ピストン頂部の黒っぽい部分が遮熱膜の加工部であり，中央のくぼみ，いわゆるキャビティー部には加工されていないことが目に付く．これは，遮熱膜SiRPAの加工により表面粗さが大きくなる現象があり，これが図I.3.23の模式図で示すように燃焼室中央のノズルから噴射された燃料噴霧が蒸発し，燃焼しながら噴流となって壁面沿いに移動する混合気の速度を減衰して混合拡散を遅らせるこ

I.3.3 新しい遮熱コンセプト（壁温スイング遮熱） 65

図 I.3.20 世界初「TSWIN」採用　トヨタ1GD-FTVエンジン

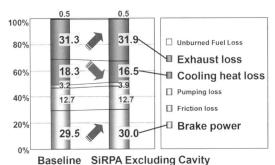

図 I.3.21 スイング遮熱適用前後でのヒートバランス比較
（川口ら，2016 より）

とで，燃費効果の足を引っ張ることが分かったためである．なお，この燃焼室表面粗さの影響はこのときまであまり重視されておらず，これが近年の排気規制に対応する高い EGR（排気ガス再循環）率のときほど大きな影響を受けることも，この開発過程で判明したことである（脇坂ら，2016；川口ら，2016）．このピストンの皮膜範囲と燃費の関係を示したのが図 I.3.24 であり，キャビティー内に皮膜がない方が大幅に高い燃費改善効果を示している．

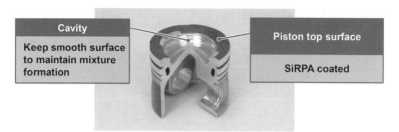

図 I.3.22　スイング遮熱皮膜適用ディーゼルエンジンピストン
（川口ら，2016 より）

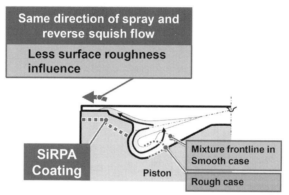

図 I.3.23　燃焼室の表面粗さが燃焼に及ぼす影響と皮膜部位
（川口ら，2016 より）

　これらの効果が，本当に壁温スイング遮熱という現象を実現することによって得られたのかという疑問を持つ読者もいるかもしれない．豊田中央研究所の福井らはこれを確認するため，燃焼運転中のエンジン筒内遮熱膜表面温度を，レーザー誘起リン光法（LASER induced phosphorescence thermometry）という手法で計測した．これはリン光体にレーザー光を照射した直後に発するリン光の，発光寿命や発光スペクトルが温度依存性を持つことを利用した，非接触瞬時温度計測手法である．その結果が図 I.3.25 である（福井ら，2016）．燃焼期間中，ベースのアルミピストンの表面温度が約 45 K スイングするだけなのに対し，SiRPA 膜は 140 K スイングしており，実際に壁温スイング現象が起きていること，またそのスイング幅が SiRPA 膜相当の熱物性でのシミュレーション予測と概ね一致していることが確認された．なおこの測定値は，計

I.3.3 新しい遮熱コンセプト（壁温スイング遮熱）

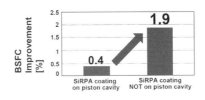

図 I.3.24 スイング遮熱皮膜適用ディーゼルエンジンピストン
（川口ら, 2016 より）

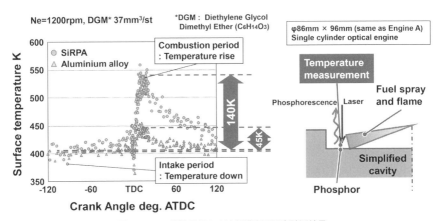

図 I.3.25 燃焼運転中の遮熱膜表面温度計測結果
運転中のピストン表面にて，実際に温度スイング現象が実現していることを確認．
（福井ら, 2016 より）

測上の限界からエンジン中負荷運転条件での値となっており，高負荷では約 200 K スイングすることが予測されている．

ランドクルーザープラドに搭載されたこの 1GD-FTV エンジン（図 I.3.20）は，クラス最高（発売時）の 44％という最高熱効率を実現しているが，その主な燃費改善技術の 1 つが「低冷損燃焼系」という，燃焼室内の旋回流であるスワールや，ピストンが上死点付近でシリンダヘッドとの間で生成するスキッシュ流などのガス流動を低減させながら燃焼を成立させ，これによって熱伝達を抑えることで冷却損失の低減を実現したものである．壁温スイング遮熱は，この低冷損燃焼系ですでに抑制された冷却損失をさらに減らし，その効果を拡

大して燃費を改善できる技術として効果が証明されたのである．

また，このスイング遮熱膜は低温・冷間ほどその効果が拡大することが分かってきている．例えば図 I.3.26 は－7℃の初期温度からエンジンを始動したときの NO_x 排出量と燃費を，遮熱膜なしのベースと SiRPA 部分皮膜付きの 1GD エンジンを比較したものであるが，SiRPA 部分皮膜により NO_x はそのピークで 10%，燃費は計測が完全に安定する 60 秒後で 5.1% と，大きな低減効果を示している（Kawaguchi $et\ al.$, 2016）．これは低温ほど壁面温度が低く冷却損失が大きくなることと，スイング遮熱膜が低熱容量であるため始動直後から燃焼 1 回ごとにガス温度に追従し温度上昇することにより，ベースとの温度差が非常に大きく，このような効果が得られたと考えられる．なお，本来高温で生成される NO_x が，遮熱により低減することを疑問に思われるかもしれないが，これは冷却損失により失われる分のエネルギーを，燃焼量増加により補っていたベースに対し，遮熱膜が冷却損失を低減することにより，少ない燃焼負荷で済んだために NO_x 排出量が減ったと考えられる．また図 I.3.27 は燃焼室全面に SiRPA 皮膜を施したものと皮膜なしのものの未燃 HC（unburned hydrocarbon，燃料蒸気およびその部分酸化物などが燃えずに排出

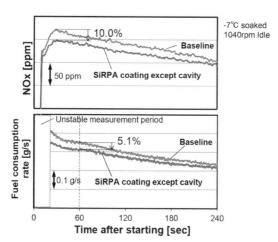

図 I.3.26　スイング遮熱膜による低温始動後の NO_x・燃費低減効果

(Kawaguchi $et\ al.$, 2016 より)

Reprinted with permission from $SAE\ paper$ 2016-01-1333 SAE International.

I.3.3 新しい遮熱コンセプト（壁温スイング遮熱）

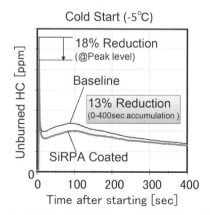

図 I.3.27　スイング遮熱膜（全面皮膜）による低温始動後の未燃 HC 低減効果

されたもの）を比較したものであるが，始動直後に見られる高いピーク値で 18％の低減が見られ，また始動後 400 秒の積算値でも 13％の低減を示している．車の排ガス浄化には排気後処理触媒が大きな役割を果たしているが，触媒が十分な活性温度に達するまでの暖気期間中はその浄化性能に頼ることができず，実際試験時間中のほとんどがその間に排出されるため，エンジン本体での低減が非常に重要である．このためこの始動直後のスイング膜による未燃 HC 低減効果は大いに期待される部分である．

◆　1980 年代の「断熱エンジン」と壁温スイング遮熱の比較

　エンジン筒内ガスと壁面の温度変化および熱移動の観点から考えると，1980 年代の「断熱エンジン」は断熱というより，「耐熱材料エンジンを高温で運転した」というのが正確であろう．そもそも「断熱」という言葉の意味は熱の移動を遮断するということであるが，当時の「断熱エンジン」は吸気行程では壁から吸気に大量の熱を与え，燃焼行程では高温とはいえ数 100 度の燃焼室壁に対し，通常でも 2000℃ 以上の燃焼ガスが吸気加熱によりさらに高温化することで，十分な温度差があることから通常エンジンと同等の熱が流れ出しており，決して「断熱」にはなっていなかったのである．

　一方，壁温スイング遮熱は，遮熱率の大小についてはさておき，吸気行程においても燃焼行程においても，その低熱伝導率の特性で熱流を抑制し，低熱容

量の特性でガス温度に追従して温度差を縮小し熱伝達量を減らすことから，「熱を与えもせず，受け取りもしない」という，より「断熱」の概念に近いことが分かる．

燃焼室壁温スイング遮熱技術はまだ生まれたての技術であり，その効果もコンセプト計算で予測された値に比べるとまだまだ小さい．しかし，今後遮熱膜材質の開発や燃焼室の遮熱範囲拡大，また，熱伝達メカニズムの解明による効果的な適用方法の開発により大幅な効果拡大が予想される技術である．各企業や研究機関の取り組みにより開発が加速し，世界的に展開が進むことで多くの内燃機関の効率向上に貢献して行くことが期待される．

I.3.4 おわりに

2016年，米国インディアナ州コロンバスのアディアバティクス社を筆者は訪ね，断熱エンジン創始者 Roy Kamo の子息，Lloyd 氏と面会した．Roy 氏は2009年に88歳で他界しているが，アディアバティクス社は Lloyd 氏が引継ぎ遮熱コーティングの研究開発を継続している．Lloyd 氏はすでに我々の「燃焼室壁温スイング遮熱技術」の論文を読まれており開口一声，「この論文は技術内容もさることながら，何より一番気に入ったのは，参考文献に必須の論文がすべて網羅されていることだ！」と笑顔を見せた．そこに親子二代で取り組み奮闘してきた，エンジン断熱先駆者の矜持が垣間見えたというのは考えすぎだろうか．

断熱エンジンは，技術史的には失敗と見られることも多いが，そのバブルのように膨らんで弾けた研究ブームの破片，つまり技術的知見が拾い集められ，新たな技術開発の一部を形作ったと考えれば，エジソンの格言「失敗したのではない，勉強したのだ」と通じるようにも思われてくる． 〔川口 暁生〕

文献

[1] 神本武征, (2009) セラミックディーゼルエンジン (神本武征 監修・著, 夢の将来エンジン, 103-128), 自動車技術叢書1, 自動車技術会.
[2] 川口暁生, 立野 学, 山下英男, 猪熊洋希, 山下 晃, 髙田倫行, 山下親典, 小山石直人, 脇坂佳史, (2016) 壁温スイング遮熱法によるエンジンの熱損失低減 (第3報), 自動車技術論文集, **47**

(1), 47-53.
- [3] 小坂英雅, 脇坂佳史, 野村佳洋, 堀田義博, 小池　誠, 中北清己, 川口暁生, (2013) 壁温スイング遮熱法によるエンジンの熱損失低減（第 1 報）, 自動車技術会論文集, **44**(1), 39-44.
- [4] 鈴木孝幸, 辻田　誠, 森　康夫, 鈴木　孝, (1989) ターボインタークーラ付 DI ディーゼルエンジンの断熱化に伴うエンジン特性の変化について, 自動車技術会論文集, **40**, 26-33.
- [5] E・ディーゼル, G・ゴルドベック, F・シルドベルゲル著, 山田勝哉訳, (1984) エンジンからクルマへ, 山海堂.
- [6] 西川直樹, 西川直樹, 高岸れおな, 清水富美男, 堀江俊男, (2016) 壁温スイング遮熱法によるエンジンの熱損失低減（第 4 報）, 自動車技術論文集, **47**(1), 55-60.
- [7] 日本セラミックス協会, (2007) セラミックス, **42**, 667-671.
- [8] 福井健二, 脇坂佳史, 西川一明, 服部義昭, 小坂英雅, 川口暁生, (2016) レーザー誘起燐光法を用いた高応答温度計測技術-壁温スイング遮熱膜への応用-, 自動車技術論文集, **47**(1), 61-66.
- [9] 脇坂佳史, 稲吉三七二, 福井健二, 小坂英雅, 堀田義博, 川口暁生, (2016) 壁温スイング遮熱法によるエンジンの熱損失低減（第 2 報）, 自動車技術論文集, **47**(1), 39-45.
- [10] Assanis, D. and Mathur, T., (1990) The Effect of Thin Ceramic Coatings on Spark-ignition Engine Performance, *SAE Technical Paper* 900903.
- [11] Assanis, D., Wiese, K., Schwarz, E. and Bryzik, W., (1991) The Effects of Ceramic Coatings on Diesel Engine Performance and Exhaust Emissions, *SAE Technical Paper* 910460.
- [12] Bryzik, W. and Kamo, R., (1983) TACOM/Cummins Adiabatic Engine Program, *SAE Technical Paper* 830314.
- [13] Fujimoto, H., Yamamoto, H., Fujimoto, M. and Yamashita, H., (2011) A Study on Improvement of Indicated Thermal Efficiency of ICE Using High Compression Ratio and Reduction of Cooling Loss, *SAE* 2011-01-1872.
- [14] Kamo, R. and Bryzik, W., (1978) Adiabatic Turbocompound Engine Performance Prediction, *SAE Technical Paper* 780068.
- [15] Kamo, L., Kamo, R. and Valdmanis, E., (1991), Ceramic Coatings for Aluminium Engine Blocks, *SAE Technical Paper* 911719.
- [16] Kawaguchi, A., Iguma, H., Yamashita, H., Takada, N., Nishikawa, N., Yamashita, C., Wakisaka, Y. and Fukui, K., (2016) Thermo-swing Wall Insulation Technology; -A Novel Heat Loss Reduction Approach on Engine Combustion Chamber-, *SAE Technical Paper* 2016-01-2333.
- [17] Kawamura H. and Akama, M., (2003) Development of an Adiabatic Engine Installed Energy Recover Turbines and Converters of CNG Fuel, *SAE Technical Paper* 2003-01-2265.
- [18] Kogo, T., Hamamura, Y., Nakatani, K., Toda, T., Kawaguchi, A. and Shoji, A., (2016) High Efficiency Diesel Engine with Low Heat Loss Combustion Concept -Toyota's Inline 4cylinder 2.8-litter ESTEC 1GD-FTV Engine-, *SAE Technical Paper* 2016-01-0658.
- [19] Osawa, K., Kamo, R. and Valdmanis, E., (1991) Performance of Thin Thermal Barrier Coating on Small Aluminium Block Diesel Engine, *SAE Technical Paper* 910461.
- [20] Suzuki, T., Tsujita, M., Mori, Y. and Suzuki, T., (1986) An Observation of Combustion Phenomenon on Heat Insulated Turbo-charged and Inter-cooled D.I. Diesel Engines, *SAE Technical Paper* 861187.
- [21] Toyama, K., Yoshimitsu, T., Nishiyama, T., Shimauchi, T. and Nakagaki, T., (1983) Heat Insulated Turbocompound Engine, *SAE Technical Paper* 831345.
- [22] Wong, V.W., Bauer, W., Kamo, R., Bryzik, W. and Reid, M., (1995) Assessment of Thin Thermal Barrier Coatings for I.C. Engines, *SAE Technical Paper* 950980.

[23] Woschni, G., Spindler, W. and Kolesa, K., (1987) Heat Insulation of Combustion Chamber Walls - A Measure to Decrease the Fuel Consumption of I.C. Engines? *SAE Technical Paper* 870339.

第 II 部　航空宇宙用エンジン

第 1 章
極超音速ターボジェットエンジン

　本章では，我が国で研究開発を行っている極超音速ターボジェットエンジンについて概説する．まず，背景および開発の歴史，次に我が国で開発されているいくつかのエンジンについて，その特徴および性能を比較する．さらに宇宙航空研究開発機構（JAXA）で研究開発を進めている 2 つのエンジン（ATREX と予冷ターボジェット）について，システムおよび要素の諸元，開発の現状および将来計画について示す．

II.1.1　はじめに

　宇宙開発の大規模化，商業化を考えた場合，次世代の宇宙輸送機に対して，高い安全性，信頼性に加え，大幅なコストダウンが要求される．これらの要求を実現する 1 つの解として，従来の使いきりロケットから，大気を有効に利用することのできる空気吸込式エンジン（ABE：air breathing engine）を搭載した再使用型スペースプレーン（reusable spaceplane）への転換が有望視されている．また，航空輸送においても，21 世紀の運輸・経済を支えるべく，超音速・極超音速機へと高速化していくことは必然の流れである．

　このような背景から，JAXA（前身である宇宙科学研究所，航空宇宙技術研究所も含めて）では極超音速輸送機用 ABE である ATREX エンジン（air-turbo ramjet engine, expander cycle），予冷ターボジェット（PCTJ：precooled turbo jet engine）を提案し，世界に先駆けて開発研究を進めてきた（棚次ら，2003；Taguchi ら，2012）．当初（1980 年代後半），極超音速 ABE はロケットに替わる完全再使用型 2 段式スペースプレーンのブースタ用エンジンとして提案された．大気を使用する ABE は，ロケットのように酸化剤（液体酸素等）を必要としないため，ロケットエンジンと比較して燃費を 1/5～

1/10に低減することができる．また，エンジンの最高圧力はロケットと比較して1桁低く，安全性，整備性の向上につながるなどの利点がある．しかしながら，飛行速度が大きくなるにつれ，空力加熱（aerodynamic heating）によりエンジン内部の温度が高くなるため，使用速度範囲が限られる．また，ABEは空気の薄いところでは十分な推力が出せないため宇宙空間では使用することができないといった制約がある．ATREXおよびPCTJは，地上静止状態からマッハ6までの範囲で使用することが可能であるため，ロケットの初段をこれらのABEに置き換えることにより，性能向上を図る．

　その後，2005年に示されたJAXA長期ビジョン2025において，「太平洋をわずか2時間で横断できるマッハ5クラスの極超音速実験機を開発し，技術を実証する」と提示され，ABEは現在では極超音速航空機用エンジンとしても位置付けられている．図II.1.1にJAXAで検討されている極超音速旅客機（乗客10人）の構想図を示す．この機体ではPCTJ2基を胴体側面に取り付けることが想定されている．

　ジェットエンジンで地上静止状態からマッハ5以上の極超音速域までを飛行するためには，1000℃を超える空力加熱からコアエンジンを防護する必要がある．予冷ターボジェットでは，液体水素を冷媒とする熱交換器（プリクーラ）をコアエンジンの前方に搭載することにより，これを実現する．さらに，プリクーラによる予冷効果により，エンジンの熱効率を向上させ，エネルギー面に

図II.1.1　極超音速旅客機構想図
(JAXA提供)

おいても飛躍的な効果を発揮する．海外でもこのようなターボ系複合サイクルエンジンは研究されており，例えば，21世紀初頭に実施されたNASAのNGLT（Next Generation Launch Technology）プロジェクトにおけるRTA（Revolutionary Turbine Accelerator）計画においては，複合材料技術等の導入によりターボジェットをマッハ4以上で使用することが検討された．また，欧州おいては，英国のReaction Engines社が提案する予冷システムを取り入れたターボ・ロケット複合エンジンであるSABREエンジンやその航空機用派生型エンジンであるScimitarエンジンの開発研究が進められている．そして，欧州委員会と経済産業省の支援により国際極超音速共同研究（HIKARI）が実施され，極超音速旅客機の商業的成立性，環境適合性，運航安全確保等の検討を経て，将来の目標システムを実現するための日欧で共有する研究開発ロードマップが作成された．

II.1.2　極超音速ターボジェットエンジンの種類と特徴

図II.1.2に各種航空宇宙用エンジンの飛行マッハ数と比推力（specific impulse：I_{sp}）の概略図を示す．比推力とは，エンジン推力（thrust）を単位時間あたりに使用した燃料の質量と重力加速度の積で割ったもので，単位は

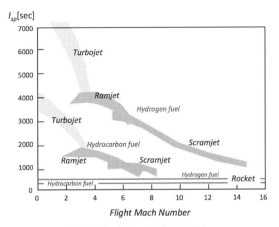

図II.1.2　各種エンジンの比推力

「秒」となる．航空宇宙用エンジンの燃費を表す代表的な指標であり，比推力が大きいほど燃費が良い．ABE（turbojet, ramjet, scramjet）はそれぞれの飛行マッハ数領域においてはロケットエンジンと比べて，比推力が大きいという利点を持つが，マッハ数が大きくなるほど比推力が下がること，単一のエンジンでの飛行可能マッハ数領域が狭いことが欠点としてあげられる．これまでに，単一のターボジェットで地上から飛行したものの中では，米国の戦闘機 SR-71 が最高マッハ数 3.5 を記録しているが，革新的耐熱材料の出現がない限り，これを大きく更新することは困難である．液体水素は，単位質量あたりの発熱量が高く，冷却能力も大きいため，水素燃料エンジンは，炭化水素燃料のエンジンに比べて比推力が大きい．ただし，水素燃料は密度が小さく，燃料タンクの容積が大きくなる欠点を持つ．このような点から，液体水素を燃料とするターボジェットの飛行可能マッハ数領域を広げようというのが，極超音速エンジンのコンセプトである．

　次に，代表的な極超音速ターボジェットエンジンのシステムフロー図を図 II.1.3 に示す．予冷ターボジェット（PCTJ）を例としてエンジンを説明すると，上流側から空気取入口（inlet），プリクーラ（precooler），圧縮機（compressor），燃焼器（gas generator），タービン（turbine），再燃器（combustor），ノズル（nozzle）で構成される．空気取入口は，高速で流入した気流を効率よく減速，圧縮する．圧縮により高温になった気流から圧縮機を守るため，プリクーラにて液体水素で再生冷却（regenerative cooling）する．圧縮機からノズルまでは，アフターバーナ付きジェットエンジンと同じ形態である．極超音速ターボジェットは，高温気流から圧縮機を防護する方法（予冷却またはバイパス）とタービンを駆動するガスの種類（燃焼ガスまたは加熱した燃料）によって，以下の a)～c) のように分類される．プリクーラによる予冷却は，飛行速度領域を拡大するだけでなく，圧縮機の仕事を減らし，推力や熱効率を向上させる働きを持つ．特に，液体水素を燃料とするエンジンでは，液体水素の低温度，高熱容量という冷却剤としての優れた性質を効果的に利用することができる．

II.1.2 極超音速ターボジェットエンジンの種類と特徴　　　77

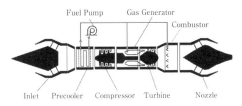

(a) Precooled Turbojet (PCTJ)

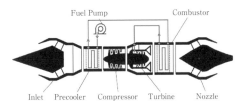

(b) Expander Cycle ATR (ATREX)

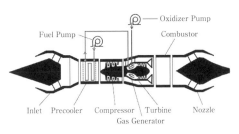

(c) Gas-Generator Cycle ATR (GG-ATR)

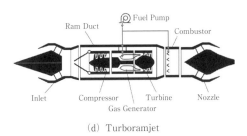

(d) Turboramjet

図 II.1.3　極超音速ターボジェットエンジンの種類

a)　予冷ターボジェット（precooled turbojet：PCTJ，図 II.1.3 (a)）

アフターバーナ付きターボジェットにプリクーラを搭載したエンジン形式．圧縮機によって昇圧された主流空気と燃料を燃焼器で希薄燃焼させて高温ガス

を生成し，タービンを駆動する．タービン駆動ガスのエネルギーが大きいため，低速飛行時の推力，比推力が高いことが特長である．プリクーラに供給する冷媒として，下図のように燃料を使用する直接冷却方式と燃料で冷却したヘリウムを使用する間接冷却方式がある．現在，JAXAで開発中の予冷ターボジェットがこれに相当する（図II.1.4）．

図II.1.4　予冷ターボジェット

b）　エアターボラムジェット（air-turbo-ramjet：ATR，図II.1.3 (b), (c)）

高速飛行時の空力加熱によるタービン温度制限を回避するために，取り込んだ空気とは別系統の流体エネルギーによってタービンを駆動するエンジン形式をATRと呼ぶ．プリクーラや熱交換器によって加熱された水素ガスでタービンを駆動するエキスパンダサイクルATR（ATREX）と小型のガスジェネレータで燃料と酸化剤を燃焼させタービンを駆動するガスジェネレータATR（GG-ATR）がある．主流の変化に対するターボ系への影響が小さいことが特長である．ATREX（図II.1.5）は，JAXAの前身である宇宙科学研究所で，1986-2003年にかけて開発された．GG-ATR（図II.1.6）は，室蘭工業大学において超音速無人実験機の主推進システムとして開発が進められている．

c）　ターボラムジェット（turboramjet，図II.1.3 (d)）

ターボジェットの周囲に別系統の空気流路（ラムダクト）を設ける形態で，ターボジェットとラムジェットの複合エンジンである．低速飛行時には，ターボジェットにより推力を発生し，空力加熱の厳しい高マッハ数域ではターボ系

図 II.1.5 ATREX

図 II.1.6 GG-ATR
(室蘭工業大学航空宇宙機システム研究センター提供)

の入口を機械的に閉鎖し，ラムダクト経由で空気を燃焼器に導く．プリクーラを必要としない．官民共同体制で，1993-2003年にかけて開発されたHYPRエンジン（山口ら，2000）（図II.1.7）がこれに相当する．

以下にエンジン要素モデル，制約条件，評価指標，ミッション要求を共通化し，遺伝的アルゴリズムを用いて推進／機体／軌道を同時に最適化することによって，図II.1.3に示す4つのエンジン候補を比較した例を示す（棚次ら，2003）．ミッションとしては，2段式スペースプレーン（第1段目を極超音速ターボ，第2段目をロケット，切り離しマッハ数は6とする）で，10tのペイロードを高度400kmの円軌道に投入するものとしている．図II.1.8，図II.1.9に各飛行マッハ数における比推力および比スラスト（specific thrust）を

II.1 極超音速ターボジェットエンジン

図 II.1.7 HYPR
(「超音速輸送機用推進システムの研究開発 (HYPR)」成果報告書より)

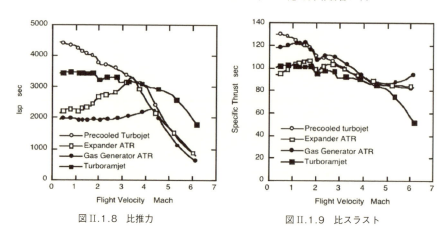

図 II.1.8 比推力　　　　　　　　図 II.1.9 比スラスト

示す．比スラストとは，エンジンの推力を吸い込んだ空気の流量で割ったものである．エンジン推力を比較しようとする場合，一般的にはエンジンサイズが大きい方が推力は大きくなる．そこで，推力を吸い込んだ空気の流量で割ることによって，エンジンサイズの大小を考慮したエンジン推力性能を表す．飛行速度がマッハ3以下の低速域では，高い圧縮機圧力比 (compression ratio) と予冷効果を持つ予冷ターボジェットが最も高性能である．一方，ATREX は，内部熱交換器 (internal heat exchanger) における水素ガス温度の制約条件により十分なタービン仕事を得ることができず，その結果，最適な圧縮機段数が少なくなり，低速域での比推力が小さい．ガスジェネレータ ATR は液体酸素を使用するため，全体的に比推力が低い．マッハ4以上の高速域では空力

加熱が過大になり，ターボ系を熱防御するために使用される燃料が多くなるため，予冷エンジンの比推力が低く，マッハ6ではロケットとほぼ同じレベルまで低下する．このことからも予冷エンジンにおいては，切り離しマッハ数が6であることが妥当であると言える．一方，予冷のないターボラムジェットは，高速域で最も高い比推力を示している．

比スラストは，低速域では圧縮機段数が多く，予冷による密度の上昇のある予冷ターボジェットが高くなっている．高速域では，圧縮機での圧縮に比べてインテークでのラム圧縮（ram compression）が支配的になるため，予冷をしていないターボラムジェット以外はほぼ同じ値となっている．離陸時の全重量を比較したところ，予冷ターボジェットを用いたシステムが最も軽く，それと比較して，ATREXで+12％，GG-ATRで+10％，ターボラムジェットで+3％重量が大きくなる．また，全備重量を350tで固定して，機体構造やエンジン，推進剤の重量を見積もり，各種スペースプレーンとロケットのペイロードを比較した．その結果，スペースプレーンはロケットと比較し，2倍以上のペイロードを搭載できるとの結論を得ている（Taguchiら，2001）．

しかしながら，これらの解析結果は，ミッションや技術の進歩によって結果が異なる可能性があり，現段階では各エンジンに明確な優劣を付けることはできず，信頼性を鑑みた評価が必要である．

II.1.3　ATREXエンジンの開発研究

宇宙科学研究所では，1975年より日本で最初の液体水素／液体酸素ロケットエンジンの開発研究が行われたが，この技術を引き継ぐ形で1986年よりATREXエンジンの開発研究を石川島播磨重工業（現在のIHI）（コアエンジン），川崎重工業（プリクーラ），三菱重工業（飛行実験機），住友重機械工業（燃料供給系）との共同研究という形態で開始した（棚次ら，2003）．図II.1.10にシステムフロー図を示す．燃料である液体水素はターボポンプで昇圧され，プリクーラ，内部熱交換器，再生冷却燃焼器（プラグノズルの壁面も含む）を通過することによって再生加熱され，そのエネルギーによってターボポンプタービンとチップタービンを駆動する．一方，エアインテークより吸気，

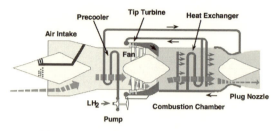

図 II.1.10　ATREX エンジンシステムフロー図

　減速された空気は，プリクーラによって冷却され，ファンを通過後，燃焼室内に送り込まれ，燃料水素と混合，燃焼し，ノズルから排気される．エアインテークおよびノズルは，変化する主流空気のマッハ数に応じた可変形状を有する．ATREX エンジンは低マッハ数飛行時には主にファンによる圧縮により，高マッハ数飛行時には主にラム圧縮により空気を取り込む複合サイクルエンジン（combined cycle engine）で，単一のハードウエアで地上燃焼状態から高度 30 km，マッハ 6 までの広い領域をカバーすることができる．また，エキスパンダサイクルは，タービン駆動ガスが主流空気と独立しており（熱輸送はあるが），極超音速飛行時のタービン材料温度の制限を受けにくいという利点を持つ．

　エンジンシステムの実証およびエンジン要素の開発を目的として，1990 年より，地上システム燃焼試験用エンジン「ATREX-500」の開発に着手した．これは，実機の 1/4 サイズのサブスケールエンジンで，ファン入口直径 300 mm，推力 500 kgf クラスのエンジンである．主要諸元は予冷ターボジェットと比較して，表 II.1.1 に示す．ターボ部は 2 段の軸流ファン（チタン製）と 3 段のチップタービン（インコネル製）から構成され（図 II.1.11），ファンの第 1 段にはシュラウドが付いており，その外側にチップタービン（tip turbine）が組みこまれている．チップタービン形式は，タービン部を軽量，コンパクトにできる上，燃焼室の長さを短くできるという利点を持つ．軸受け部には無潤滑，無冷却構造のセラミックベアリングを使用した．ファンとタービンの流路間はラビリンスシールとシール窒素ガスで隔てられている．ATREX 開発の進め方は，個々の要素を開発した後に，それらを組み合わせてエンジンを構築するのではなく，全体システムを常に念頭におき，

表 II.1.1　ATREX と予冷ターボジェットの主要諸元

		ATREX-500 Engine	予冷ターボジェット
Engine System			
Engine Length	m	5.00	2.70
Engine Width, Height	m	0.70	0.23
Air Flow Rate	kg/sec	7.2	1.1
Fuel Flow Rate	kg/sec	0.30	0.06
Thrust	kN	4.5	1.2
Specific Impulse	sec	1,533	2,065
Compressor			
Type	–	two-stage, axial	single-stage, diagonal
Tip Diameter	m	0.30	0.10
Rotational Speed	rpm	17,800	80,000
Pressure Ratio	–	1.56	6.00
Efficiency	%	83	81
Material	–	Ti-alloy	Ti-alloy
Turbine			
Type	–	three-stage, impulse	single-stage, reaction
Diving Gas	–	hydrogen	combustion gas
Pressure Ratio	–	5.0	2.5
Efficiency	%	39	83
Turbin Inlet Temperature	K	650	1,223
Material	–	Ti-alloy	Inco
Precooler (ATREX-500：Type-III)			
Heat Exchange area	m^2	44.4	2.64
Number of Tubes	–	13,464	1,296
Tube Diameter	mm	2	2
Heat Exchange	kW	1,315	120
Material	–	steinless steel	steinless steel
Inner Heat Exchanger (ATREX-500：Type-III)			
Heat Exchange area	m^2	1.82	–
Number of Tubes	–	60	–
Heat Exchange	kW	1,500	–
Material	–	steinless steel	–
Regeneratively Cooled Chamber			
Gas Temperature	K	2,370	2,073
Heat Exchange area	m^2	0.75	0.33
Heat Exchange	kW	676	230
Material	–	Inco	Inco

Engine Design Specifications at SLS condition

図 II.1.12 Type-I 内部熱交換器

図 II.1.11 第1段ファンとチップタービン

ATREX-500 エンジンを開発し，その中に要素を段階的に組み込んでいく手法を採った．システム燃焼試験の中で，各要素に課題（問題点または性能の向上要求）が生じた場合には，要素試験によって解決した後，システムにフィードバックを掛ける．ただし，主流大気の影響を大きく受ける要素（エアインテーク，ノズル）に関しては ATREX-500 に組み込まれておらず，単体の風洞試験によって開発研究を進めた．

エンジン開発の第1段階として，まずターボ系の開発を主として行った．ATREX-500 エンジンはチップタービン形式を採用しているが，模擬試験モデルを用いてターボ系の振動問題を解決し，1990年に熱交換器を除く各要素の設計，製作が完了した．初期の試験では軸振動問題，タービンとファン部のシールの問題，ファンの圧力／流量特性の確認およびミキサーと燃焼器の開発研究に重点が置かれた．1991年から，シェルアンドチューブ型（shell-and-tube type）の内部熱交換器（図 II.1.12）を装着し，液体水素を用いたエキスパンダサイクル試験によってエンジン性能の取得とともに運転方法の確立，起動制御の研究を行った．1992年には新型の Type-II 熱交換器を組み合わせたエンジンによって当初計画していた推力，比推力目標を達成した．

1995年からはシェルアンドチューブ型（チューブはステンレス製，シェルはアルミ製）のプリクーラをエンジンに装着し，予冷サイクルでの燃焼試験を

行った．また，1996年にはDASA（現在のエアバス）との共同研究で，再生冷却壁（regenerative cooling wall）を持つ燃焼器を開発し，試験した．プリクーラは空力加熱（aerodynamic heating）からファンを防護し，飛行領域を拡大するだけでなく，吸い込み空気流量の増加に伴う推力の増加，圧縮過程における中間冷却効果（intermediate cooling effect）による比推力の向上を目的としており，地上からマッハ6までの全領域で作動させる．3基のプリクーラを設計，製作し，ATREX-500に装着，試験した．第1号機のプリクーラによってファン入口温度を約180 Kに下げることで，推力を1.8倍，比推力を約200秒向上させることができたが，4回目の試験の終了後プリクーラチューブの蝋付け部から少量の漏れが検出された．そこで，第2号機では，蝋付け箇所の大幅な削減等，構造の健全性を重視するとともに，出口温度不均一の改善を含めた設計をすることで，プリクーラの設計，製作技術を高めた．最終，第3号機（図II.1.13）では，飛行試験を念頭におき，チューブ外径，チューブ間隔を小さくすることによる小型軽量化を行った．チューブ外径2 mm，総本数13464本，設計熱交換量1315 kW，ユニット重量86 kgである．

3号機の実験において，プリクーラチューブへの着霜問題（icing）が顕著になったため，1999年からは，プリクーラの着霜対策を講じた．着霜対策として，(1)プリクーラの着霜が問題となる飛行領域では使用しない，(2)着霜が問題となる外周部の間隔を広げる等の消極的な対策に加え，(3)液体酸素を噴霧して主流空気を冷却し，水蒸気をミスト化（氷結）する，(4)メタノール等の凝縮性物質を混入して凝固点を下げるとともに霜層の密度を上げる積極的な方法が検討された．地上燃焼試験の結果，メタノール噴霧により約90%の着

図II.1.13 Type-III プリクーラチューブ（1/4ユニット）

図 II.1.14　軸対称型エアインテーク

霜防止効果が確認され,必要なメタノール重量が全推進剤重量の 3% で済むため,実用的な方法であることが確認された.最終的に ATREX-500 エンジンを用いた実験は合計 67 回行われ,全運転時間 3600 秒,最大推力 4800 N,最大比推力 1500 秒が得られ,当初の目標は達成された.

　超音速要素である軸対称エアインテーク(図 II.1.14)については,1993 年より,研究開発が行われた.宇宙科学研究所超音速/遷音速風洞(マッハ 0.3〜4.0),NASA グレン研究所の 1×1 フィート超音速風洞(マッハ 6)において性能取得を行い,空力性能を向上させた.エアインテークは,軸対称形状(axi-symmetric),矩形形状(rectangular),ブーゼマンインテーク(Busemann)に代表される三次元形状があるが,ATREX 用エアインテークは重量が軽量化できる点および機体と切り離した設計がやりやすいという点から軸対称型を選択した.極超音速エアインテークは,亜音速からマッハ 6 までの幅広い速度領域を持ち,エアインテークの流路収縮率(contraction ratio)を大幅に変える必要がある.また,強い衝撃波による大きな全圧損失と吸い込み流量が減少する不始動という現象を回避する必要がある.軸対称型エアインテークは,スパイク(センターボディ)とカウルより構成され,スパイクが前後移動することにより流路形状を変えることで,流路収縮率を変化させる.また,後方に配置した可変ノズルのスロート面積を変化させることにより,不始動(unstart)を回避する.1990 年にはフランス ONERA 研究所 Modane 研究センター内にある S3 超音速風洞において,急加速時におけるエアインテークの自律制御実験を実施した.24 秒間で主流マッハ数を 1.7 から 3.0 に変化

させ（想定するスペースプレーンの約3倍の変化速度），主流マッハ数と非定常圧力計による衝撃波の位置の情報から，エアインテーク形状とノズルスロート面積を変化させて制御した．その結果，全圧回復率（total pressure recovery），流量捕獲率（mass capture ratio）とも定常状態での運転時の90％以上を達成した．

2003年に宇宙科学研究所は，宇宙研究開発機構に組織替えし，予冷ターボジェットの研究を進めていた航空宇宙技術研究所のグループと合併した．そこで，スペースプレーン用フルスケールエンジンのシステム最適化研究と並行して，サブスケールの実証用エンジン（S-エンジン）の研究開発に着手した（Satoら，2005）．その際，エンジンサイクルの見直しを行い，当時の技術レベル（熱交換器の材料温度の限界等）を鑑み，より高性能な予冷ターボジェットを選定した．S-エンジンは，超音速エアインテーク，ノズルを有し，JAXA角田宇宙センターに設置されているラムジェット試験設備（RJTF）でフリージェット試験（free-jet test）ができるサイズとした．

II.1.4 予冷ターボジェットエンジンの研究開発

a) 概 要

図II.1.15に極超音速予冷ターボジェットエンジン（Sato *et al.*，2007；Taguchi *et al.*，2012）の全体写真を，図II.1.16に系統図を示す．マッハ5で流入する空気は，まずエアインテークで亜音速に減速される．エアインテークは，飛行中に大きく変化する飛行速度，高度に合わせて常に最適な状態の空気をエンジン内に導くために，流路形状を変更する機能を持っている．次に，空気はプリクーラで液体水素との熱交換によって冷却される．その後，コアエンジン（core engine）で圧力と温度が上昇し，アフターバーナで高温燃焼ガスが生成される．高温燃焼ガスは排気ノズルで超音速に再加速されて，エンジン後部に排出される．燃料の液体水素は，エンジン入口に装着された予冷器で高温空気を冷却した後，排気ノズル壁面を冷却し，最後にアフターバーナに供給される．この過程で液体水素に吸収された熱エネルギーは，アフターバーナで高温燃焼ガスに供給され，推進力として利用される．

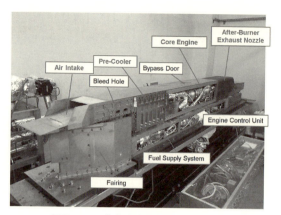

図 II.1.15　極超音速予冷ターボジェット

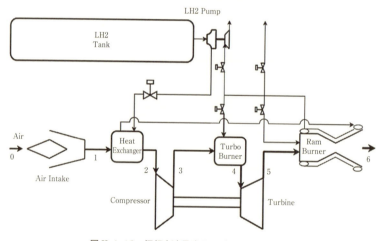

図 II.1.16　極超音速予冷ターボジェット系統図

　図 II.1.17 に断面図を示す．エンジンの諸元は前述の表 II.1.1 の通りである．極超音速飛行状態を再現できる風洞設備で飛行模擬環境実験をすることを想定し，全長を 2.7 m としている．また，極超音速飛行時の空気抵抗を最小限にするため，すべての部品を正面から見て 23 cm 角の正方形断面内に収めている．小型のエンジンであるが，スペースプレーンや極超音速旅客機に搭載されるエンジンと同等の機能を有している．エアインテークは長方形断面の可変式で，圧力バランスによって可動壁の駆動力を低減する機構を備えている．

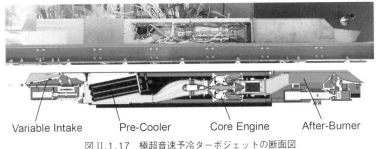

図 II.1.17　極超音速予冷ターボジェットの断面図
上：外観写真，下：断面図．

プリクーラでは，空気流量あたりの熱交換面積を確保するとともに，圧力損失を低減するために，斜めに配置して空気流を曲げる方式とした．コアエンジンは圧縮機圧力比が6の水素燃料ジェットエンジンを新規に設計・製作した．

極超音速飛行時の十分な冷却能力を確保するために，液体水素燃料は理論混合比（stoichiometric ai-fuel ratio）より多く供給して，アフターバーナにおいて2000 K程度の燃焼を行うこととした．これはロケットエンジンと同様の原理で，分子量の小さい水素を多めに投入することで排気速度を向上させ，極超音速飛行時の推力向上を図るためである．

b）地上燃焼実験

極超音速予冷ターボジェットの地上燃焼実験を，JAXA能代ロケット実験場（秋田県能代市），および，JAXA大樹航空宇宙実験場（北海道大樹町）で実施した（田口，2014）．液体水素燃料を使用する燃焼実験は，安全確保のために基本的に屋外で実施している．これは，想定外の事象で水素が漏洩して屋内に滞留すると，爆発する可能性があるからである．また，実験前には，すべての水素配管を窒素やヘリウムといった不活性気体で加圧して，漏洩がないことを確認している．また，仮に漏洩しても爆発しないように，点火源となるような電子機器を窒素で満たされた筐体に入れて実験を行った．実験装置は100 m以上離れた計測制御室から遠隔操作で動作するようにしてあり，燃焼実験時にはエンジン付近を無人状態とした．ただし，今後，適切な安全対策を施した設計と運用を行えば，水素燃料を旅客機に適用することは可能である．

図 II.1.18　地上燃焼実験

　図 II.1.18 に地上燃焼実験時の外観写真を示す．水素燃料を用いたアフターバーナ燃焼では，オレンジ色で透明の発光が観測された．これは，要素実験結果から，空気中に不純物として含まれるナトリウム成分が高温で発光しているものと確認されている．
　地上燃焼実験において，空気流量は予冷後に大きく上昇し，2倍近くに達した．これは，予冷によってエンジン入口温度が低下して，空気の密度が上昇したためである．エンジンの推力は空気流量にほぼ比例するため，予冷によって，離陸時に約2倍の推力が得られることになる．本実験により，エンジンの起動シーケンスを確立するとともに，2000 K の高温アフターバーナ燃焼に耐える耐熱構造の技術実証を行うことができた．

c) 極超音速飛行模擬環境実験
　極超音速予冷ターボジェットのエンジンサイクルは，地上静止状態における燃焼実験およびマッハ2飛行実験で実証された．さらに，マッハ5飛行実験に向けて極超音速予冷ターボジェットの要素実験を進めた．液体水素燃料を使用するプリクーラの高温性能試験およびエンジン直結方式のマッハ4飛行模擬環境実験を実施した（図 II.1.19）．この実験においては，プリクーラ，コアエンジンおよびアフターバーナを組み合わせて，高温空気供給設備に直結した．この実験では，マッハ4模擬条件での高温耐熱構造の実環境実証とエンジン始動シーケンスの確立を行った．
　現在，JAXA 角田宇宙センターのラムジェットエンジン試験設備（RJTF：

II.1.4 予冷ターボジェットエンジンの研究開発

図 II.1.19　マッハ 4 飛行模擬環境実験

Ram Jet Test Facility) において，極超音速予冷ターボジェットのマッハ 4 推進風洞実験（田口ら，2017）（フリージェット試験）が進められている．全圧 0.87 MPa，全温 884 K を目標値として実施した．初期の実験では，安全の確保のため，液体水素の代わりに液体窒素が冷媒として使用された．これらの実験において，エンジン外部構造がマッハ 4 の高温空気流に耐えること，マッハ 4 の飛行条件でのコアエンジンのウィンドミル始動を実現できること，エアインテークで取り入れた空気の一部をバイパスドアから流出させることで，コアエンジンを接続した状態でエアインテークを始動できること等が確認された．次に，液体水素を用いたマッハ 4 推進風洞実験が実施され，液体水素によるプリクーラの冷却特性と，アフターバーナの燃焼特性等が取得された．

図 II.1.20 にエンジン作動中にエアインテーク周囲に形成された衝撃波をシュリーレン光学法で可視化した写真を示す．エアインテークは，流路が最も狭まる第 2 ランプと第 3 ランプの間（スロート部）直後に垂直衝撃波（normal shock）を形成することで，低い圧力損失で亜音速に減速する方針で設計されている．写真の通り，エアインテーク始動状態でもコアエンジンとアフターバーナにおける安定な燃焼が実現した．

図 II.1.21 に，アフターバーナ作動時の排気ノズル付近の外観画像を示す．この画像から，エンジン排気ガスと周囲流の間で外部燃焼が発生していることが確認された．この外部燃焼の原因としては，燃料流量が想定より多くなり，アフターバーナにおける当量比が上昇して，過大な量の未燃ガスが排気ノズルから排出されたことが考えられる．エンジンの後方で高温の外部燃焼が発生す

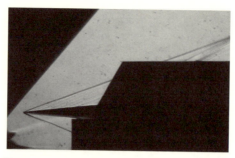

図 II.1.20 エアインテーク周囲流のシュリーレン写真

図 II.1.21 アフターバーナ作動時の外観

る場合，窒素酸化物が大量に形成される可能性があるため，今後は，外部燃焼を発生させないための当量比条件や外部ノズル形状等を検討する必要がある．

II.1.5 極超音速統合制御実験機（HIMICO）

極超音速機技術を実用化するためには，実飛行環境における技術実証が不可欠である．一方，現在，マッハ5程度の極超音速で飛行できる飛行手段は高価な使い切りロケットに限られており，飛行実証に必要なコストが高いという問題がある．そこで，小型実験機から段階的に実証する極超音速機・飛行実験構想（図 II.1.22）が検討された．

第1段階として，極超音速統合制御実験機（High Mach Integrated Control Experiment：HIMICO）による機体・推進統合制御技術の飛行実証を目指し

II.1.5 極超音速統合制御実験機（HIMICO）

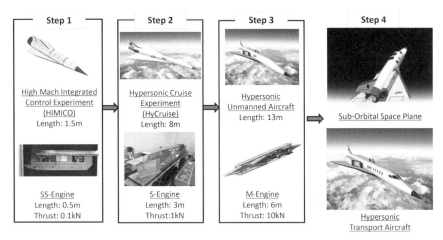

図 II.1.22　極超音速機・飛行実験構想

ている（小島ら，2016）．飛行状態で極超音速エンジンを作動させる場合，機体の迎角（an angle of attack）や横滑り角（an angle of sideslip）が変化すると，機体との干渉によってエンジンに流入する気流が変化し，推進性能が変化することが予想される．また，エンジン排気の影響で，機体の空力特性や舵効き特性が変化することも予想される．HIMICO では，これらの相互干渉を考慮した機体／エンジン統合制御系を構築し，飛行環境で実証することを目的としている．この実験機は観測ロケットで加速した後，動圧 50 kPa 程度の動圧一定軌道で飛行することを想定している．また，実験機に全長 50 cm 程度のラムジェットやスクラムジェット等の超小型極超音速エンジンを搭載して作動させることも想定している．図 II.1.23 に HIMICO の概要を示す．HIMICO は観測ロケットのノーズコーンの内部に格納されるため，全長 1.5 m 程度の長さとなっている．回転安定で飛翔する観測ロケットに搭載するために，実験機の慣性主軸を円筒状の胴体軸と一致するように，翼やエンジンの配置を調整した．また，胴体下部にエンジンを装着し，胴体上部に垂直尾翼とダミーウェイトを装着することで，慣性主軸の調整を行った．

図 II.1.24 に極超音速統合制御実験機の飛行シーケンスを示す．実験機を搭載した観測ロケットは，発射後，ヨーヨーデスピナ（yo-yo despinner）とサイドジェット（SJ）でロケットの回転を止める．そして，ロケット全体を実験

図 II.1.23　極超音速統合制御実験機（HIMICO）

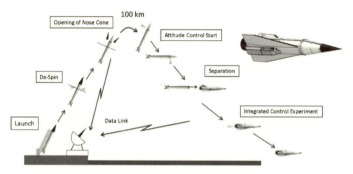

図 II.1.24　極超音速統合制御実験機（HIMICO）の飛行シーケンス

機分離姿勢にした後，実験機を分離する．実験機は自由落下で加速され，大気圏再突入後に迎角 15°程度で空力操舵によって引き起こされ，動圧一定軌道に投入される．続いて搭載された極超音速エンジンの燃焼実験を行う．飛行実験はデータリンクを確保できる範囲で終了し，実験機を着水させる．

　図 II.1.25 に HIMICO-2016 形状の極超音速風洞実験模型を示す．本モデルは形状改良により，縦静安定（longitudinal static stability）は維持しつつ，迎角 3°程度以下において，横・方向の静安定が得られることが風洞実験で確認された．ただし，観測ロケット実験で想定している再突入飛行の迎角 15°程度においては，横・方向が不安定となった．この理由としては，高い迎角で飛行する際に垂直尾翼が胴体の下流側に入り，十分な復元力を発生していないことが考えられる．したがって，この機体形状で飛行実験を行う際には，再突入飛行において，機体を上下反転させた上で，迎角 15°付近で飛行させる必要が

II.1.5　極超音速統合制御実験機（HIMICO）

図 II.1.25　HIMICO-2016 形状極超音速風洞実験模型

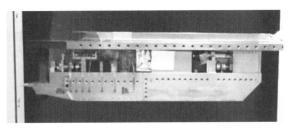

図 II.1.26　可変インテーク風洞実験

ある．

　平成 27-29 年度には JAXA 宇宙科学研究所の超音速風洞において風洞実験を実施し，可変エアインテークのスロート高さに対応した全圧回復率，流量捕獲率等の性能データを取得した（図 II.1.26）．これは，推進風洞実験のエアインテーク入口条件にあわせ，実験はマッハ 3.4 を中心にして行った．

　図 II.1.27 に平成 27-29 年度に東京大学柏キャンパスの極超音速高エンタルピ風洞で実施したラム燃焼器の直結燃焼実験の写真を示す．実験条件は推進風洞実験に合わせて，燃焼器入口全圧 0.3 MPa 程度，全温 900 K 程度とした．気体水素を燃料として供給し，燃焼器内部の圧力，温度を計測した．また，燃焼ガスに対する可変排気ノズルの耐熱性の確認も行った．今後は，燃料噴射孔の改善によって燃焼効率を改善することを予定している．

　機体／推進統合制御特性については，飛行実験を実施する前に，風洞実験を行って評価する計画としている．図 II.1.28 に機体／推進統合制御実験の計画図を示す．ラムジェットエンジン試験設備（RJTF）に極超音速統合制御実験機（全長 1500 mm）を設置し，超小型極超音速エンジン（全長 500 mm 程度）

図II.1.27　ラム燃焼器直結燃焼実験

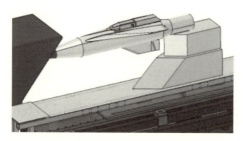

図II.1.28　機体／推進統合制御実験

を作動させた状態で，機体の空力特性を取得する計画である．また，エンジン作動状態で機体姿勢を維持するために，燃料流量，エンジン内部の可変機構と操舵翼の角度を変化させて制御特性を取得する実験を実施する予定である．現在は，実験実施に向けて，機体構造の製作，搭載機器の艤装設計，機体支持装置の設計等を進めている．

〔佐藤　哲也・田口　秀之〕

文　献

[1] 小島孝之, 佐藤哲也, 土屋武司, 津江光洋, 田口秀之, 富岡定毅, 小林弘明, (2016) 空気吸い込み式エンジンの極超音速統合制御実験 (HIMICO) 計画, 第60回宇宙科学技術連合講演会講演集, 3A15.
[2] 田口秀之, (2014) 極超音速予冷ターボジェットの研究開発, 日本エネルギー学会誌, 93(3), 186-191.
[3] 棚次亘弘, 佐藤哲也, 小林弘明他, (2003) ATREX エンジンの研究開発, 宇宙科学研究所報告, 特集第46号, 1-248.
[4] 山口佳和, 石澤和彦, (2000) HYPR プロジェクトの概要, 日本ガスタービン学会誌, 28(1), 2-7.
[5] Sato, T., H. Taguchi, H. Kobayashi and T. Kojima, (2005) Development Study of Mach 6 Turbojet Engine with Air-precooling, *Journal of the British Interplanetary Society*, 58(7/8),

231–240.
[6] Sato, T., H. Taguchi, H. Kobayashi, T. Kojima, K. Okai, K. Fujita, D. Masaki, M. Hongo and T. Ohta, (2007) Development Study of Precooled-cycle Hypersonic Turbojet Engine for Flight Demonstration, *Acta Astronautica*, **61**(1-6), 367–375.
[7] Taguchi, H., H. Futamura, R. Yanagi and M. Maita, (2001) Analytical Study of Pre-Cooled Turbojet Engine for TSTO Spaceplane, *AIAA Paper* 2001-1838.
[8] Taguchi, H., M. Hongoh, T. Kojima and T. Saito, (2017) Mach 4 Experiment of Hypersonic Pre-cooled Turbojet Engine, 23rd International Symposium on Air Breathing Engines, ISABE-2017-22532.
[9] Taguchi, H., H. Kobayashi, T. Kojima, A. Ueno, S. Imamura, M. Hongoh and K. Harada, (2012) Research on Hypersonic Aircraft Using Pre-cooled Turbojet Engines, *Acta Astronautica*, **73**, 164–172.

第 II 部　航空宇宙用エンジン

第 2 章
デトネーションエンジン

　本章では，まず読者にとってなじみがないと思われる，「デトネーション現象」そのものに関して触れ，デトネーション燃焼サイクルを Brayton サイクル等と比較しながら説明する．デトネーションによって生成される気体がどのような性質を有するかを説明し，エンジン推力の源となる圧力とその持続時間等に関して述べる．最後に，デトネーションエンジンの研究開発の世界的な状況と，航空宇宙用ジェットエンジン，ロケットエンジンへの応用に関して述べる．

II.2.1　デトネーションとは

　デトネーション波（または単にデトネーションと呼ぶ）とは，極超音速（2-3 km/s）で衝撃波を伴い自走的に伝播する燃焼波である．デトネーション波は，管内に充填された予混合気を瞬時に燃焼させることができる．デトネーション波を利用したエンジンとして，パルスデトネーションエンジン（pulse detonation engine, PDE），回転デトネーションエンジン（rotating detonation engine, RDE）がある（総説 Kailasanath, 2000；2003；2009；Bazhenova and Golub, 2003；Nikolaev *et al*., 2003；Roy *et al*., 2004；Kasahara, 2013；Wolanski, 2013）．既存の航空宇宙用エンジン（ジェットエンジンやロケットエンジン）では，必ず昇圧する機構（圧縮機やポンプ）が不可欠であったが，デトネーション波を利用すると，その機構なしに昇圧が可能であり，単純・高性能なエンジンと成り得る．現在，超音速まで作動可能な空気吸い込み式エンジン，ロケットエンジンへの実用化を目指してデトネーションエンジンの研究が活発に行われている．

　デトネーション燃焼において反応物は衝撃波で断熱圧縮され，高温下（同一

発熱量では生成されるエントロピーは定圧過程に比べて小さい）で化学反応を開始するため，デトネーション波を利用したエンジンサイクルの熱効率はBrayton サイクル（定圧燃焼サイクル）より高い．このことは Zeldovich（1940）によって示され，現在では多種の気体モデルによる熱力学的サイクル解析（Heiser and Pratt, 2002；Wu et al., 2003；Endo et al., 2004）にて確認されている．

PDE の研究は Hoffmann（1940）によるものが最初である．Nicholls et al.（1957）によって本格的な PDE 研究が行われ，1980 年代半ばから PDE 研究はより活発になった．これら初期の研究に関しては Eidelman et al.（1991）の研究レビューが参考になる．PDE における気体力学は 1990 年代はじめに，Bussing and Pappas（1994；1996）によって定性的に論じられ，Zitoun and Desbordes（1999）によって定量的な計測が行われた．Endo et al.（2004）のsimplified PDE model により，PDE 管内の圧力，温度，速度分布は精度良く予測可能となった．

本章では，2000 年代前半までに確立したデトネーション燃焼の熱力学的サイクル解析と，PDE 管における気体力学研究の成果である simplified PDE model を紹介する．その後で，2000 年代後半以降の PDE のシステムの研究（空気吸い込み式エンジン，ロケット，ガスタービンエンジン）の現状を紹介し，最新のロケット飛行実証試験を紹介する．また，RDE の研究の現状を最後の節で触れる．

II.2.2　デトネーション燃焼の熱力学的サイクルと効率

デトネーション燃焼サイクルの p-v 線図を，図 II.2.1 に示す．Zeldovich（1940）による説明法を用いて，以下に解説する．まず，PDE 中の気体粒子（燃焼器のサイズよりかなり小さいスケールだが，分子サイズよりは格段に大きな分子群のかたまりのこと）がすべて同じ過程を経ると仮定する．図 II.2.1 の状態 1 はガスの初期状態である．ガスは衝撃波によって高温高圧となり，衝撃波ユゴニオ曲線およびレイリー線上の交点であるフォン・ノイマン点（vN）に不連続に移動し，発熱反応に伴って状態 2（CJ 点）までレイリー線上

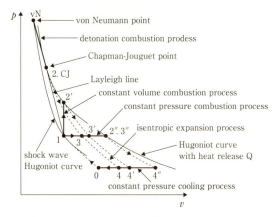

図 II.2.1 デトネーション燃焼サイクルと p-v 線図

を右下方向に移動する．その後，等エントロピー膨張を仮定すると，状態は 2 → 3 と変化する．冷却過程を 3 → 1 とする．この 1 → vN → 2 → 3 → 1 がデトネーション燃焼サイクルにおける 1 サイクルである．図 II.2.1 で圧縮機やタービンを含めると，圧縮過程 0 → 1，膨張過程 3 → 4 が追加され，0 → 1 → vN → 2 → 3 → 4 → 0 が 1 サイクルとなる．

図 II.2.1 を用いて，デトネーション燃焼サイクルと，定積燃焼サイクルと，定圧燃焼サイクルとを比較することが可能である．点 1 の状態から発熱量 Q を伴うユゴニオ曲線上の 2′ 点と 2″ 点は，定積燃焼過程後の状態および定圧燃焼過程後の状態にそれぞれ相当する．よって，定積燃焼サイクルは 1 → 2′ → 3′ → 1（圧縮器，タービンのある場合は 0 → 1 → 2′ → 3′ → 4′ → 0），定圧燃焼サイクルは，1 → 2″ → 1（圧縮器のある場合は 0 → 1 → 2″ → 4″ → 0，ガスタービンエンジンのモデルサイクル）である．サイクルにおいて，燃焼によって系に投入される熱量を Q，外部への正味（工業）仕事を W とすると，熱効率は $\eta = W/Q = (\hat{h}_{in} - \hat{h}_{out})/Q$ と表現できる．各サイクルで $\hat{h}_{in}$（流入比エンタルピー），Q が等しいとすると，$\hat{h}_{out}$（流出比エンタルピー）が小さいほど，熱効率は大きい．圧縮機，タービンでの過程を等エントロピー過程で近似できる場合は，h_3，$h_{3'}$，$h_{3''}$ の大小関係を比較すればよい．比エンタルピー変化は化学ポテンシャルを用いて，

$$\mathrm{d}h = T\mathrm{d}s + v\mathrm{d}p + \sum_i \mu_i \mathrm{d}n_i \qquad (\mathrm{II}.2.1)$$

である（ここでは s は比エントロピー，T は温度，v は比体積，p は圧力，μ_i は i 番目の化学種の化学ポテンシャル，n_i は i 番目の化学種の単位質量あたりのモル数）．状態 3, 3′, 3″ では，圧力が等しく，また Q が一定であることから化学組成も等しいと近似でき，結局，状態 3, 3′, 3″ についての比エンタルピー差について $\mathrm{d}h = T\mathrm{d}s$ となる．図 II.2.1 のデトネーションユゴニオは，レイリー線が時計方向に回転するほどエントロピーが増大するという性質を持っているので，$s_2 < s_{2'} < s_{2''}$，したがって，$s_3 < s_{3'} < s_{3''}$ となる．$\mathrm{d}h = T\mathrm{d}s$ より h の大小関係と s の大小関係とは一致するから，$h_3 < h_{3'} < h_{3''}$ となる．つまり熱効率は，η_D（デトネーション燃焼サイクル）$> \eta_\mathrm{V}$（定積燃焼サイクル）$> \eta_\mathrm{P}$（定圧燃焼サイクル）となる．よって，デトネーションサイクルでは高い熱効率が期待できる．また圧縮機（ポンプ）がなくともタービン出力を得ることができる．

Heiser and Pratt (2002) は，熱量的完全ガス（デトネーション波前後を含み全過程で比熱比 $\gamma = 1.4$，定圧比熱 $C_p = 1.00\,\mathrm{kJ/kg\,K}$，で一定）を仮定した熱力学的サイクル解析を行った（one-γ model）．デトネーション燃焼サイクルが膨張後のエントロピー増加量が最も少ないことを示した．

Wu et al. (2003) は水素-空気混合気に対する熱力学的サイクル解析を行っている．気体は熱量的完全ガスを仮定しているが，自由流の比熱比は $\gamma_1 = 1.4$，既燃ガスの比熱比 $\gamma_2 = 1.18$ としている（two-γ model）．発熱量は，燃焼前のエンタルピの 22.47 倍とした．熱効率 η_{th} は，温度比 Ψ が増加すると増加し，デトネーション燃焼（ideal PDE）は 3 種のサイクル中，最大であることを示した．Ψ が大きくなるにつれ，デトネーション燃焼サイクルと Brayton サイクルの η_{th} の差は減少する．

Endo et al. (2004) は，PDE では，不活性なパージガスが必要となる場合もあるため，作動ガスとして爆発性ガスと不活性ガスとの両者を扱った熱力学的サイクル解析を行っている．また，燃焼モード（デトネーション・定圧・定積）間での発熱量が一般には異なるため，燃焼による発熱量を分母とした熱効率ではなく，単位質量の燃料あたりの出力を用いて結果の比較を行った．この

解析結果でも，デトネーション燃焼サイクルの出力が，他のサイクルに比較して最も高いことが分かる．PDE の熱力学サイクル解析に関しては，Endo et al.（2009）のテキストに，詳しく記載されている．

II.2.3　デトネーションの気体力学

PDE の作動に関して，図 II.2.2 を用いて説明する．図 II.2.2 に示すように PDE では片端が閉，片端が開の直線状の管（PDE 管と呼ぶことにする）内でデトネーション波を間欠的に発生させる．図 II.2.2（1）で示すように，最初に PDE 管内に混合気を充塡する．作動前に PDE 管内に存在した空気は，混合気の充塡圧力と空気の圧力差によって右側に力を受け運動し開管端で周囲に排出される．PDE 管全体に混合気を充塡後，充塡バルブを閉にし，図 II.2.2（2）で示すように PDE 管の左端でデトネーションを開始する．実際には，点火プラグの放電等によっての小エネルギーを小空間に放出して，デフラグレー

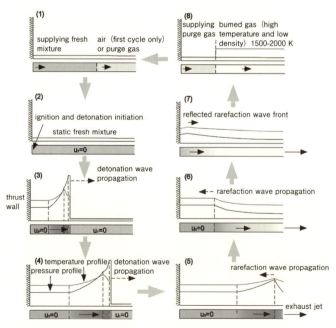

図 II.2.2　PDE のサイクル

ションを生成し，その後，デトネーションに遷移させる（deflagration-to-detonation transition, DDT）過程が存在するが，その距離がPDE管長より十分短いとする．図II.2.2 (3), (4)で示すように，デトネーション波はPDE管内を右向きに伝播する．図II.2.2 (4)を拡大した図II.2.3によってPDE管内の温度と圧力の一次元構造を説明する．デトネーション波は，図II.2.3で示す衝撃波（shock wave）から，CJ面（Chapman-Jouguet plane）までの領域に該当する（デトネーション波の一次元定常解の構造）．衝撃波で断熱圧縮された混合気は高温となり，分解反応を開始し，反応誘導領域を形成する．その後，再結合反応を開始し，発熱反応領域を形成する．発熱反応が進行するとともに，ガスは膨張し，衝撃波と同速度で右に運動する系（衝撃波静止系）から見て左向きに加速され，音速に到達する．その音速到達面がCJ面である．CJ面を通過した既燃ガス（実際には膨張時にも反応は進行するが，簡単のため，CJ面を通過したガスを既燃ガスと呼ぶことにする）は実験室静止系から見るとなおも右向きの速度を有する．PDE管の左端では，壁面での境界条件より既燃ガスは静止しなければならない．つまり既燃ガスの左右境界条件（静止と右向き速度を有する）を満たすために図II.2.3中を右向きに伝播する膨張波（Taylor expansion wave (Taylor, 1950)）が発生する．この膨張波の最前面とCJ面は一致する．既燃ガスは膨張波内で左向きに加速され，デトネーション波とPDE管端との中間位置にて静止する（デトネーション波

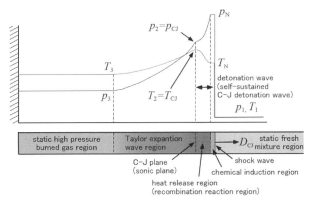

図II.2.3　デトネーション波が伝播するPDE管内の温度と圧力の一次元構造

の厚み，粘性，熱伝導を無視し，既燃ガスの比熱比一定の場合）．デトネーション波がPDE管の右端に到達したとき，PDE管の左半分には静止した高圧高温ガスが，右半分には，右向きの速度をもった高圧高温ガスが存在する．なお，図II.2.2 (3), (4)で示すようにCJ面より左の圧力・温度・速度分布の形状は時間によらず同じである（自己相似形状）．その後，図II.2.2 (5)のように，PDE管の右端から，新規の膨張波が左向きに伝播し，PDE管内の既燃ガスを膨張させ，右向きに加速する．このとき，PDE管の周囲の圧力が十分小さい（初期圧程度）場合，出口近傍で流れは閉塞し音速状態を保つ．また，図II.2.2 (5)と(6)の間のある時刻に，膨張波がPDE管の左端に達する．デトネーション開始からこの時刻までPDE管の左端圧力は一定に保たれる（プラトー圧力と呼ぶことにする）．図II.2.2 (7)で示すようにPDE管の左端で，膨張波の前面が反射し，逆向き（右向き）に伝播すると，左右に伝播する希薄波が交差する．この反射以降は，PDE管の左端圧力は，減少する．膨張波が管内を多数回左右に伝播し，PDE管の既燃ガスの圧力は周囲の圧力と一致する．ただし，既燃ガスの温度は1500 K程度である．次に，図II.2.2 (8)のように，パージガスをPDE管の左端から充填し，圧力差にて高温の既燃ガスを右方向に運動させる（あるいは拡散によって温度を低下させる）．再び図II.2.2 (1)のように，新規に混合気を充填し，以後繰り返す（サイクルを構成する）．

Zitoun and Desbordes (1999) によって，PDE管内の気体力学的運動が，弾道振子実験，特性曲線法によって解析された．実験で使用された混合気は$C_2H_4+3O_2$などである．exploding wire法によって，35 JのエネルギーをPDE管の閉管端に瞬時にエネルギーを開放することで，デトネーションを直接開始（direct initiation）し，理想的な作動（DDT距離を0とする）に近い圧力履歴を取得している．彼らはTaylor (1950)のデトネーション後面の自己相似 expansion wave の解析法を用いて，$P(\tau)=0.33$をプラトー圧として予想した．実験結果はその値に近いことを確認した．また，閉管力の圧力はプラトー後に有限時間中に「ゆるやか」に減衰するが，プラトー圧が瞬時に0になる square function の圧力履歴と面積が等しいと仮定した場合の square function 作動時間を$t_w=Kt_{CJ}$として，Kの値を実験的に5.40と決定した．ま

た，圧力値を積分して，推力，比推力を求め，PDE 管の気体力学的解析の研究を行った．

Cooper et al. (2002) は，弾道振子法にて，推力計測を行った．Wintenberger et al. (2003) は，Zitoun and Desbordes (1999) と同様の研究アプローチで，多数の実験結果から経験的に $K=4.60$ とした．また，修正したこの値を用いて，多種の混合気に対して推力特性の予測を行っている．ただし，K の値は経験的に決定されている．

PDE 管の気体力学的な推力特性は，Endo and Fujiwara (2002) によって，初めて経験的パラメータ（K）を用いずに，気体種とその初期状態，管形状の情報のみを用いて解析的に示された．さらに，Endo et al. (2004) はプラトー圧終了後の圧力減衰領域を近似自己相似希薄波とその反射の解を用いてモデル化し，PDE 管から生ずる推力の予測精度を向上させた．Endo et al. (2004) のモデルでは K は一定値ではなく，γ_1，γ_2，M_{CJ} の関数である．また，一般的なデトネーション波に対しては，$K=4.0$ 程度となる．この差異は，Endo et al. (2004) は two-γ model を使用しているが，Zitoun and Desbordes (1999)，Wintenberger et al. (2003) は one-γ model を使用しているためだと考えられている．

II.2.4　デトネーションの研究開発の現状

a) 空気吸い込み式 PDE

推進用パルスデトネーションエンジンには空気吸い込み式 PDE とパルスデトネーションロケットエンジン（pulse detonation rocket engine, PDRE）がある．前者は，外部から空気を吸い込むが，後者はその必要はない．

空気吸い込み式 PDE では，PDE 管の入口側に，混合気を供給するための機器が配置される．具体的には，インテーク，圧縮機，バルブ（Hinkey et al., 1997）である．図 II.2.4 に，量論混合した水素-空気混合気を推進剤として用いた場合の飛行マッハ数に対する比推力をプロットした．マッハ数が 0 のとき，Endo et al. (2004) の解析モデルによれば，比推力は 4129 sec となる．Schauer et al. (2001) により推力架台上での連続作動時の比推力も同程度で

あることが確認されている．図 II.2.4 中の右上がりの実線は，ラムジェットエンジンにおける比推力を，右上がりの破線は，定積燃焼間欠ジェットエンジンの比推力（Talley and Coy, 2002）を示している．Wintenberger and Shepherd（2006）によって PDE 管にインテークを取り付けた場合（ノズル最適化なし）の解析が行われている．解析モデルでは，インテークと PDE 管との間にプレナム室を設け，PDE 管直前のバルブの開閉による流体の非定常作動が，インテーク内流れに影響しないと仮定している．結果は，図 II.2.4 で示す右下がりの実線（高度 0 m）および破線（高度 10000 m）である．マッハ数の増加に従って単調に比推力は減少する．これは，マッハ数が増加すると，プレナム室圧が上昇し，それにつれてプレナム室から PDE 管に流入する推進剤速度が増大する．その結果，デトネーション伝播後の閉管端圧力が低下し，推力が低下するためである．PDE 管のみの場合では，図 II.2.4 のように，マッハ数 1.35 以下でラムジェットエンジンより比推力は大きいが，それ以上では低くなる．

　Harris *et al*.（2006）（図 II.2.4 白丸記号）や Ma *et al*.（2006）（図 II.2.4 黒丸記号）は多気筒 PDE 管の出口に対して先細末広ノズル形状等の最適化を行った場合の数値解析を行った．マッハ数 4 以下で，空気吸い込み式 PDE はラムジェットエンジン以上の比推力を獲得可能であることを示した（図 II.2.

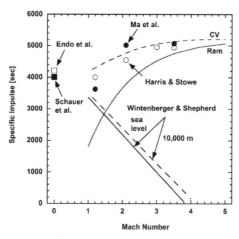

図 II.2.4　空気吸い込み式 PDE の比推力のマッハ数依存性

5 (Ma et al., 2006)).

さらに，ロシアの研究では，図 II.2.6 に示すような damping compartment を使用するバルブレス型 PDE コンセプトが研究されている（Remeev et al., 2010）．Kojima and Kobayashi (2005) は，空気冷却器付きパルスデトネーションラムジェットエンジン（pulse detonation ram jet engine, PDRJE）を提案している．

米国の Air Force Research Laboratory (AFRL) と Innovative Scientific Solutions Inc. (ISSI) は，図 II.2.7 に示す有人 PDE 飛行試験機（Scaled Composites Long-EZ を改造した機体）にて，2008年1月31日，PDE の飛行実証を行った（Hoke et al., 2010）．この機体には，自動車用のシリンダヘッド（GM quad-four cylinder head）を改造したバルブを PDE 管の供給部として使用している．往復シリンダによって駆動される過給器にて圧縮された空気を 4 本の PDE 管に充填した．燃料はプロパンであった．PDE 管と補助推力ロ

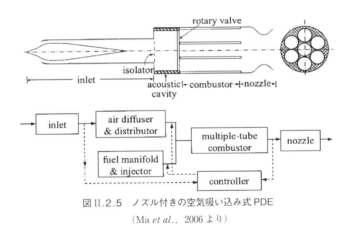

図 II.2.5 ノズル付きの空気吸い込み式 PDE
(Ma et al., 2006 より)

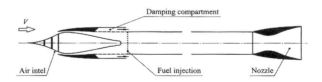

図 II.2.6 衝撃波減衰器付きのノズル付きの空気吸い込み式 PDE
(Remeev et al., 2010 より)

図 II.2.7 空気吸い込み式 PDE を搭載した有人飛行実験機
National Museum of the US Air Force 別館に.

ケット (jet-assisted take-off, JATO (推力 630-720 N)) の推力で距離 600 m を加速滑走後離陸し，その後，JATO を停止し，PDE 管の推力のみで速度 50 m/s で一定高度を 10 秒間飛行した．飛行速度 50 m/s での機体の全抗力の予測値は 400 N である．PDE の推力は最小 700 N，テイクオフ時は 900 N+，空気流量は 770 g/s と報告されている．コクピット内の騒音は 100-110 dB であった．パイロットは耳栓とイアーマフラーをつけて，OSHA ガイドラインを遵守した環境で操縦した．機体振動は，レシプロエンジンを搭載した場合より十分小さかったと報告されている．

b) パルスデトネーションロケットエンジン

PDRE におけるノズルによる比推力の増加は，Morris (2005) によって詳しく調査されている．特にノズル背圧が著しく低い場合では，間欠的な流れでも，ノズル性能が定常流の場合と同程度に成り得ることを示した．特に注目すべき結果は，供給圧が等しくノズル背圧が十分低い場合，PDRE が既存ロケットより高い比推力を有することである．Kasahara et al. (2009a ; b) は，PDRE のシステムを滑走試験にて実証した (図 II.2.8)．燃料にエチレン，酸化剤に気体酸素を用いた．時間平均推力は 34.72 N であった．ガスは，自己の圧力にて PDE 管に供給され，ポンプ等の他の動力源は搭載されていない．

さらに，Morozumi et al. (2013) によって，飛行試験用 4 気筒回転バルブ

図 II.2.8　パルスデトネーションロケットシステム「Todoroki」
(Kasahara *et al.*, 2009b より)

型の PDRE が開発され，最大推力 258.5 N を達成している．このエンジンを用いて，2013 年 11 月 30 日，JAXA/ISAS 戦略的開発研究（工学）の下，筆者を代表者とした名古屋大学，筑波大学，慶應義塾大学，広島大学，横浜国立大学，IHI エアロスペースエンジニアリング，NETS，山本機械設計の研究グループで，図 II.2.9 に示す PDRE 飛行試験機を製造し，図 II.2.10 に示すような垂直飛行の実証に世界で初めて成功した（Morozumi *et al.*, 2014；Matsuoka *et al.*, 2016）．燃料はエチレン C_2H_4，酸化剤は亜酸化窒素 N_2O である．

c) パルスデトネーションタービンエンジン

PDE 管の後方にタービンを配置して，PDE 管の生成するジェットのエンタルピーから仕事を取り出すことは可能である．Endo *et al.*（2011）は，パルスデトネーションタービンエンジン（pulse detonation turbine engine，PDTE）では最大 9.0% の熱効率を達成している．PDE 管出口における流れの速度は音速とほぼ静止低速の間を周期的に変化する，非定常流れである．Maeda *et al.*（2010）は，単気筒の PDTE の発生する非定常的な流動では，タービンの回転数を流れの流速と同じ程度まで加速する必要があることを実験的に示した．GE の Rasheed *et al.*（2011）は，8 気筒の PDE 管に単段の軸流タービンを接合した PDTE の実験結果を報告している．定常燃焼に比べて，25% の overall efficiency の向上が確認されている．

図 II.2.9　C_2H_4-N_2O を用いた 4 気筒回転バルブ型の PDRE 飛行試験機「Todoroki II」

名古屋大学,筑波大学,JAXA,慶應義塾大学,広島大学,横浜国立大学,IHI エアロスペースエンジニアリング,NETS,山本機械設計.
(Morozumi *et al.*, 2014；Matsuoka *et al.*, 2016 より)

図 II.2.10　C_2H_4-N_2O を用いた 4 気筒回転バルブ型の PDRE 飛行試験機「Todoroki II」の垂直飛行試験

名古屋大学,筑波大学,JAXA/ISAS,慶應義塾大学,広島大学,横浜国立大学,IHI エアロスペースエンジニアリング,NETS,山本機械設計.
(Morozumi *et al.*, 2014；Matsuoka *et al.*, 2016 より)

d)　回転デトネーションエンジン

図 II.2.11 に回転デトネーションエンジン（rotating detonation engine, RDE）の模式図を示す（Wolanski, 2013）.2 重円筒管の間の空間に燃料と酸化剤を混合しながら噴入する.その混合気中を円周方向に伝播するデトネーション波で燃焼させ,既燃ガスが円筒管の軸方向に噴出し,推力を取り出すデトネーションエンジンである.その利点は,デトネーション波が連続的に伝播するため,デトネーションの開始が 1 度のみでよいこと,大流量であり,単位

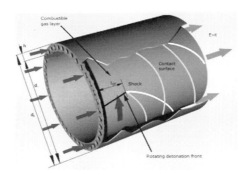

図 II.2.11　RDE の模式図
(Wolanski, 2013 より)

面積あたりの出力が大きいことがあげられる．他方，課題は熱伝達が大きく，冷却機構が必要であること，燃料と酸化剤のインジェクション混合の際の圧力損失が大きいことがある．

　RDE 研究の歴史は Wolanski (2013) の総説に詳しく述べられている．RDE の実験では，ロシアの Lavrentyev Institute of Hydrodynamics の Bykovskii et al. (2006) が可視化研究を行っており，多種の混合気に対して，RDE 充填距離として，特性時間（微粒化，蒸発，拡散，乱流混合といった爆発予混合気形成の物理過程に必要とされる時間と化学反応時間の和）の 17±7 倍が必要であることを示した．RDE のロケットとしての推力実験はワルシャワ工科大学の Kindracki et al. (2011) によって，損失なしのロケット燃焼推力と同レベルの推力発生が確認されている．2009 年に二次元の数値解析解が，Hishida et al. (2009) によって得られている．理想的な比推力値は，Schwer and Kailasanath (2011；2013a；b) によって示されている．特に圧力損失を低減するためのインジェクター形状を調査している (Kailasanath, 2013b)．Nordeen et al. (2013) によって，流体粒子ごとの熱力学的サイクル解析が行われている．Uemura et al. (2013) は，RDE における横波生成機構に関して説明している．Naples et al. (2013) は，自発光による可視化観測を行っている．Gawahara et al. (2013) はオーバル筒型の可視化用 RDE で研究を行っている．Nakayama et al. (2012；2013)，Kudo et al. (2011) によると，RDE 中を伝播しているデトネーションの波面の曲率半径がセルサイズの 10 倍程度

図 II.2.12　RDE の滑走試験の様子
名古屋大学，慶應義塾大学，JAXA/ISAS, 室蘭工業大学．
(Kasahara *et al.*, 2018 より)

以上であると，安定してデトネーション波が伝播可能であることを実験的に確認している．また，フランスの MBDA, ポワチエ大学 (Institut Pprime), 米国 Aerojet Rocketdyne (Claflin, 2013) でも，精力的に RDE の実験が行われている．

また，2015 年には日本の研究グループ（名古屋大学，慶應義塾大学，JAXA/ISAS, 室蘭工業大学）によって (Kasahara *et al.*, 2018)，図 II.2.12 に示すように，ロケットエンジンとしてのシステム実証として，地上滑走試験が行われている．

II.2.5　おわりに

最後に本章でとりあげた内容をふり返る．PDE の研究の歴史に触れ，デトネーション波の熱力学的な解析に関して説明し，デトネーション燃焼サイクルの熱効率が定圧燃焼サイクルより高いことを解説した．パルスデトネーションエンジン（PDE）の作動に関して説明し，PDE の気体力学と推力特性のモデルについて解説した．PDE における熱・摩擦損失に関する研究を紹介した．PDE における部分充填，イジェクター，ノズルなどの推力増大機構に関して説明した．PDE の技術課題である DDT 過程と供給混合系に関して研究動向を紹介した．PDE の応用研究として，空気吸い込み式 PDE, PDRE, PDTE

を紹介した．また最後に，近年研究が活発化している回転デトネーションエンジン（RDE）を紹介した． 〔笠原 次郎〕

文 献

[1] 遠藤琢磨，(2009) パルスデトネーションエンジン（PDE）の理論（デトネーション研究会編，デトネーションの熱流体力学1 基礎編，221-231），理工図書．
[2] 遠藤琢磨，八房智顕，滝 史郎，笠原次郎，(2004) パルスデトネーションタービンエンジンの性能に関するモデル解析, Science and Technology of Energetic Materials, **65**(4), 103-110.
[3] 笠原次郎，パルスデトネーションエンジン開発の現状, 日本燃焼学会誌, **55**, 337-348.
[4] 小島孝之，小林弘明，(2005) 空気吸い込み式パルスデトネーションエンジンの高充填圧化による推力増大効果, 宇宙技術, **4**, 35-42.
[5] Bazhenova, T.V. and V.V. Golub, (2003) Use of Gas Detonation in a Controlled Frequency Mode (Review), *Combustion Explosion and Shock Waves*, **39**, 365-381.
[6] Bussing, T. and G. Pappas, (1994) An Introduction to Pulse Detonation Engines, 32nd AIAA Aerospace Sciences Meeting, *AIAA Paper* 94-0263.
[7] Bussing, T. and G. Pappas, (1996) Pulse Detnation Engine Theory and Concepts (Murthy, S.N.B. and E.T. Curran ed., Developments in High-speed-vehicle Propulsion Systems, 421-472), Progress in Astronautics and Aeronautics 165, *AIAA Paper*.
[8] Bykovskii, F.A., S.A. Zhdan and E.F.J. Vedernikov, (2006) Continuous Spin Detonations, *Journal of Propulsion and Power*, **22**(6), 1204-1216.
[9] Claflin, S, (2013) Recent Progress in Rotating Detonation Engine Development at Aerojet Rocketdyne, 2013 International Workshop on Detonation for Propulsion (USB flash drive).
[10] Cooper, M., S. Jackson, J. Austin, E. Wintenberger and J.E. Shepherd, (2002) Direct Experimental Impulse Measurements for Detonations and Deflagrations, *Journal of Propulsion and Power*, **18**(5), 1033-1041.
[11] Eidelman, S., W. Grossmann and I. Lottati, (1991) Review of Propulsion Applications and Numerical Simulations of the Pulsed Detonation Engine Concept, *Journal of Propulsion and Power*, **7**(6), 857-865.
[12] Endo, T. and T. Fujiwara, (2002) A Simplified Analysis on a Pulse Detonation Engine Model, *Transactions of the Japan Society for Aeronautial and Space Science*, **44**, 217-222.
[13] Endo, T., J. Kasahara, A. Matsuo, K. Inaba, S. Sato and T. Fujiwara, (2004) Pressure History at the Thrust Wall of a Simplified Pulse Detonation Engine, *AIAA Journal* **42**(9), 1921-1930.
[14] Endo, T., A. Susa, T. Akitomo, T. Okamoto, K. Kanekiyo, Y. Sakaguchi, H. Yokoyama, S. Kato, A. Mitsunobu, T. Takahashi, T. Hanafusa and S. Munehiro, (2011) Moving-component-free Pulse-detonation Combustors and Their Use in Ground Applications, Proceedings 23rd International Colloquium on the Dynamics of Explosions and Reactive Systems, 190 (USB flash drive).
[15] Gawahara, K., H. Nakayama, J. Kasahara, K. Matsuoka, S. Tomioka, T. Hiraiwa, A. Matsuo and I. Funaki, (2013) Detonation Engine Development for Reaction Control Systems of a Spacecraft, 49th AIAA/ASME/SAE/ASEE Joint Propulsion Conference, *AIAA Paper* 2013-3721.
[16] Harris, P.G., R.A. Stowe, R.C. Ripley and S.M. Guzik, (2006) Pulse Detonation Engine as a

Ramjet Replacement, *Journal of Propulsion and Power*, **22**(2), 462-473.
[17] Heiser, W.H. and D.T. Pratt, (2002) Thermodynamic Cycle Analysis of Pulse Detonation Engines, *Journal of Propulsion and Power*, **18**(1), 68-76.
[18] Hinkey, J.B., J.T. Williams, S.E. Henderson and T.R.A. Bussing, (1997) Rotary-valved, Multicycle, Pulse Detonation Engine Experimental Demonstration, *AIAA Paper* 97-2746.
[19] Hishida, M., T. Fujiwara and P. Wolanski, (2009) Fundamentals of Rotating Detonations, *Shock Waves*, **19**, 1-10.
[20] Hoffmann, H., (1940) Reaction - Propulsion Produced by Intermittent Detonation Combustion German Aeronautical Research, Research Report No.1265.
[21] Hoke, J.L., R.P. Bradley, A.C. Brown, P.J. Litke, J.S. Stutrud and F.R. Schauer, (2010) Development of a Pulsed Detonation Engine for Flight, Symposium on Shock Waves in Japan, 239-246.
[22] Kailasanath, K., (2000) Review of Propulsion Applications of Detonation Waves, *AIAA Journal*, **38**(9), 1698-1708.
[23] Kailasanath, K., (2003) Recent Developments in the Research on Pulse Detonation Engines, *AIAA Journal*, **41**(2), 145-159.
[24] Kailasanath, K., (2009) Research on Pulse Detonation Combustion Systems: A Status Report, 47th AIAA Aerospace Sciences Meeting, *AIAA* 2009-631.
[25] Kasahara, J., A. Hasegawa, T. Nemoto, H. Yamaguchi, T. Yajima and T. Kojima, (2009) Performance Validation of a Single-tube Pulse Detonation Rocket System, *Journal of Propulsion and Power*, **25**(1), 173-180.
[26] Kasahara, J., M. Hirano, A. Matsuo, Y. Daimon, Y and T. Endo, (2009) Thrust Measurement of a Multicycle Partially Filled Pulse Detonation Rocket Engine, *Journal of Propulsion and Power*, **25**(6), 1281-1290.
[27] Kasahara, J., Y. Kato, K. Ishihara, K. Goto, K. Matsuoka, A. Matsuo, I. Funaki, H. Moriai, D. Nakata, K. Higashino and N. Tanatsugu, (2018) Application of Detonation Waves to Rocket Engine Chamber (J.-M. Li et al., ed., Detonation Control for Propulsion, 61-76, Springer.
[28] Kindracki, J., P. Wolanski and Z. Gut, (2011) Experimental Research on the Rotating Detonation in Gaseous Fuels-oxygen Mixtures, *Shock Waves*, **21**, 75-84.
[29] Kudo, Y., Y. Nagura, J. Kasahara, Y. Sasamoto and A. Matsuo (2011) Oblique Detonation Waves Stabilized in Rectangular-cross-section Bent Tubes, *Proceedings of the Combustion Institute*, **33**(2), 2319-2326.
[30] Ma, F., J.-Y. Choi and V.J. Yang, (2006) Propulsive Performance of Airbreathing Pulse Detonation Engines, *Journal of Propulsion and Power*, **22**(6), 1188-1203.
[31] Maeda, S., J. Kasahara, A. Matsuo and T. Endo, (2010) Analysis on Thermal Efficiency of Non-compressor Type Pulse Detonation Turbine Engines, *Transactions of Japan Society for Aeronautical and Space Science*, **53**, 192-206.
[32] Matsuoka, K., T. Morozumi, S. Takagi, J. Kasahara, A. Matsuo and I. Funaki, (2016) Flight Validation of a Rotary-valved Four-cylinder Pulse Detonation Rocket, *Journal of Propulsion and Power*, **32**(2), 383-391.
[33] Morozumi, T., K. Matsuoka, R. Sakamoto, Y. Fujiwara, J. Kasahara, A. Matsuo and I. Funaki, (2013) Study on a Four-cylinder Pulse Detonation Rocket Engine with a Coaxial High Frequency Rotary Valvein, 51st AIAA Aerospace Sciences Meeting, *AIAA Paper* 2013-0279.
[34] Morozumi, T., R. Sakamoto, T. Kashiwazaki, J. Kasahara, K. Matsuoka, A. Matsuo and I.

Funaki, (2014) Study on a Rotary-valved Four-cylinder Pulse Detonation Rocket: Thrust Measurement by Ground Test, 52nd AIAA Aerospace Sciences Meeting, *AIAA Paper* 2014-1317.
[35] Morris, C.I., (2005), Numerical Modeling of Single-pulse Gasdynamics and Performance of Pulse Detonation Rocket Engines, *Journal of Propulsion and Power*, **21**(3), 527-538.
[36] Nakayama, H., J. Kasahara, A. Matsuo and I. Funaki, (2013), Front Shock Behavior of Stable Curved Detonation Waves in Rectangular-cross-section Curved Channels, *Proceedings of the Combustion Institute*, **34**(2), 1939-1947.
[37] Nakayama, H., T. Moriya, J. Kasahara, A. Matsuo, Y. Sasamoto and I. Funaki, (2012) Stable Detonation Wave Propagation in Rectangular-cross-section Curved Channels, *Combustion and Flame*, **159**(2), 859-869.
[38] Naples, A., J. Hoke, J. Karnesky and F. Schauer, (2013) Flowfield Characterization of a Rotating Detonation Engine, 51st AIAA Aerospace Sciences Meeting, *AIAA Paper* 2013-0278.
[39] Nicholls, J.A., H.R. Wilkinson and R.B. Morrison, (1957) Intermittent Detonation as a Thrust-producing Mechanism, *Journal of Jet Propulsion*, **27**(5), 534-541.
[40] Nikolaev, Yu.A., A.A. Vasil'ev and B.Yu Ul'yanitskii, (2003) Gas Detonation and its Application in Engineering and Technologies (Review), *Combustion Explosion and Shock Waves*, **39**(4), 382-410.
[41] Nordeen, C.A., D. Schwer, F. Schauer, J. Hoke, T. Barber and B. Cetegen, (2013) Divergence and Mixing in a Rotating Detonation Engine, 51st AIAA Aerospace Sciences Meeting, *AIAA Paper* 2013-1175.
[42] Rasheed, A., A.H. Furman and A.J. Dean, (2011) Experimental Investigations of the Performance of a Multitube Pulse Detonation Turbine System, *Journal of Propulsion and Power*, **27**(3), 586-596.
[43] Remeev, N.Kh., V.V. Vlasenko and R.A. Khakimov, (2010) Numerical and Experimental Investigation of Detonation Initiation in a Cylindrical Duct (Roy, G. and S. Frolov ed., Deflagrative and Detonative Combustion, Torus Press, 313-328).
[44] Roy, G.D., S.M. Frolov, A.A. Borisov and D.W. Netzer, (2004) Pulse Detonation Propulsion: Challenges, Current Status, and Future Perspective, *Progress in Energy Combustion Science*, **30**(6), 545-672.
[45] Schauer, F., J. Stutrud and R. Bradley, (2001) Detonation Initiation Studies and Performance Results for Pulsed Detonation Engine Applications, 39th AIAA Aerospace Sciences Meeting, *AIAA Paper* 2001-1129.
[46] Schwer, D. and K. Kailasanath, (2011) Numerical Investigation of the Physics of Rotating-detonation-engines, *Proceedings of the Combustiton Institute*, **33**(2), 2195-2202.
[47] Schwer, D. and K. Kailasanath, (2013a) Fluid Dynamics of Rotating Detonation Engines with Hydrogen and Hydrocarbon Fuels, *Proceedings of the Combustion Institute*, **34**(2), 1991-1998.
[48] Schwer, D. and K. Kailasanath, (2013b) On Reducing Feedback Pressure in Rotating Detonation Engines, 51st AIAA Aerospace Sciences Meeting, *AIAA Paper* 2013-1178.
[49] Talley, D.G. and E.B. Coy, (2002) Constant Volume Limit of Pulsed Propulsion for a Constant γ Ideal Gas, *Journal of Propulsion and Power*, **18**(2), 400-406.
[50] Taylor, G., (1950) Proceedings of the Royal Society of London, The Dynamics of the Combustion Products behind Plane and Spherical Detonation Fronts in Explosives, A200, 235-247.

[51] Uemura, Y., A.K. Hayashi, M. Asahara, N. Tsuboi and E. Yamada, (2013) Transverse Wave Generation Mechanism in Rotating Detonation, *Proceedings of the Combustion Institute*, **34**(2), 1981-1989.

[52] Wintenberger, E., J.M. Austin, M. Cooper, S. Jackson and J.E. Shepherd, (2003) Analytical Model for the Impulse of Single-cycle Pulse Detonation Tube, *Journal of Propulsion and Power*, **19**(1), 22-38.

[53] Wintenberger, E. and J.E. Shepherd, (2006) Model for the Performance of Airbreathing Pulse-detonation Engines, *Journal of Propulsion and Power*, **22**(3), 593-603.

[54] Wolanski, P., (2013) Detonative propulsion, *Proceedings of the Combustion Institute*, **34**(1), 125-158.

[55] Wu, Y., F. Ma and V. Yang, (2003) System Performance and Thermodynamic Cycle Analysis of Airbreathing Pulse Detonation Engines, *Journal of Propulsion and Power*, **19**(4), 556-567.

[56] Zeldovich, Ya.B., (1940) To the Question of Energy Use of Detonation Combustion, *Journal of Propulsion and Power*, **22**, 588-592 (2006). (translation of article originally published in Russian in Zhurnal Tekhnicheskoi Fiziki, **10**, 1453-1461 (1940)).

[57] Zitoun, R. and D. Desbordes, (1999) Propulsive Performances of Pulsed Detonations, *Combustion Science and Technology*, **144**, 93-114.

第 II 部　航空宇宙用エンジン

第 3 章
液体ロケットエンジン

　　　　ロケットエンジンは，真空中の宇宙空間を推進することのできる内燃機関であり，ガソリンエンジンやジェットエンジンなどと異なる特徴，特性を持っている．この章では，液体ロケットエンジンの基本的な原理を理解できるように，推進原理，エンジンサイクルや構成要素について述べる．

II.3.1　ロケットエンジンとは

　ロケットは，空気のない宇宙空間をタンク内部の推進剤を高速に噴射することで推力を得て進む推進機関であり，その原理はニュートン力学の第三法則（作用・反作用の原理）による．ロケットエンジンは，その推力を生み出すための装置であり，推進剤を高温にして膨張させ高速で噴射する内燃機関の1つである．

　実際のロケットエンジンの一例として，H-IIA ロケットの第 2 段に使用されている LE-5B エンジンの外観と諸元を図 II.3.1 に示す．推進剤，エンジンサイクル，推力（真空中），混合比，比推力（真空中）などの諸元値が載っているが，これらが何を意味しているのか，また，外観上の特徴となっているノズルスカートがなぜこのような形なのか，ロケットエンジンの原理から見ていきたい．

a)　ロケットの推進原理

　ロケットエンジンがどのように推力を発生させるか，図 II.3.2 に示すモデルを用いて算出してみる．微小時間 Δt に推進剤の一部（$-\Delta m$）を排気速度 c で後方に噴出したとすると，運動量保存則より以下が成り立つ．この際，パラ

図 II.3.1　LE-5B エンジンの外観と諸元（JAXA 提供）

推進剤	液体酸素／液体水素
エンジンサイクル	エキスパンダーブリード
推力（真空中）	14 t
混合比	5.0
比推力（真空中）	447 sec
膨張比	111
燃焼圧力	36.4 kg/cm^2
液体水素ターボポンプ回転数	51000 rpm
液体水素ポンプ吐出圧力	70 kg/cm^2
液体酸素ターボポンプ回転数	17800 rpm
液体酸素ポンプ吐出圧力	56 kg/cm^2
直径	1692 mm
長さ	2540 mm
質量	265 kg
スロットリング	70%（option）
再着火機能	複数回
燃焼時間	535 sec
設計寿命	2300 sec，16 スタート

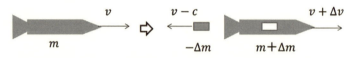

図 II.3.2　原理モデル

メータ m は機体の質量であることに注意する必要がある．

$$mv = (m+\Delta m)(v+\Delta v) + (-\Delta m)(v-c) \quad \text{(II.3.1)}$$

この式を展開し，推力 F を求めると次のように表される．

$$m\Delta v + c\Delta m = 0 \quad \text{(II.3.2)}$$

$$\therefore \quad F = m\frac{\Delta v}{\Delta t} = -c\frac{\Delta m}{\Delta t} \quad \text{(II.3.3)}$$

これを微分形式に直すと，次式となる．

$$F = m\frac{dv}{dt} = -c\frac{dm}{dt} \quad \text{(II.3.4)}$$

この式から分かるように，排気速度 c が大きければ大きいほど，また，排出される推進剤の質量流量が多ければ多いほど，大きな推力を得ることができる．

この推力によりロケットが t 秒後に到達できる速度は次のようになる．

$$v = \int_0^t \frac{dv}{dt} dt = -c \int_0^t \frac{1}{m}\frac{dm}{dt} dt \quad \text{(II.3.5)}$$

$$\therefore \quad v_t - v_0 = c \cdot \ln\left(\frac{m_0}{m_t}\right) \tag{II.3.6}$$

高速に加速するためには，排気速度 c と質量比（m_0/m_t）をいかに高くできるか，すなわち軽い機体と多くの燃料が必要となることをこの式は示している．車や航空機に比べてロケットの燃費が低いのは本質的にこの原理からきている．この燃費を示すものとして，次式に示される単位質量流量あたりの発生推力で定義される比推力 I_{sp} というパラメータがある．この値は 1 kg の燃料を用いて，1 kgf（9.8 N）の推力を出し続けたときに，何秒燃焼させられるかを示すものとも理解される．

$$I_{sp} = \frac{F}{g\dfrac{dm}{dt}} = -\frac{c}{g} \tag{II.3.7}$$

式（II.3.7）から分かるように，排気速度 c は燃費を決める重要なパラメータである．

b) 超音速ノズル

前項で示したように，排気速度 c はロケットエンジンの性能（推力，比推力）を決定する重要なパラメータである．一般に，この速度を上げるために超音速ノズルが使用されている．ロケットエンジンの外観上の特徴となっているノズルスカート形状は，この超音速ノズルによるものである（図 II.3.3）．

超音速ノズル（マッハ数>1）では，高圧，高温のガスがスロート部を通過して膨張する際，面積の拡大に伴って増速していく．このときの変化は等エンタルピー変化（断熱変化）であり，ノズル入口と出口のエンタルピー差が運動エネルギーに変わる．入口の速度が無視できる場合，エネルギー保存則より，

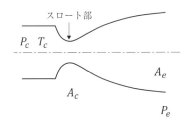

図 II.3.3 超音速ノズル形状

ガスの定圧比熱 C_p を用いて以下のように求められる.

$$C_p T_c = C_p T + \frac{1}{2} u^2 \tag{II.3.8}$$

スロート部でチョーク状態となり，その下流では断面積の拡大に伴ってノズル内圧力 P も低下し，速度 u も増加する．理想気体として扱うと，断熱変化の式より，速度 u は以下のようになる．

$$u = \sqrt{2 C_p (T_c - T)} \tag{II.3.9}$$

$$= \sqrt{\frac{2k}{k-1} R \cdot T_c \left\{ 1 - \left(\frac{P}{P_c} \right)^{\frac{k-1}{k}} \right\}} \tag{II.3.10}$$

ここで，k は比熱比，R は気体定数とする．速度 u をマッハ数 M で表記すると次式となる．

$$M = \frac{u}{\sqrt{kRT}} = \sqrt{\frac{2}{k-1} \left\{ \left(\frac{P}{P_c} \right)^{-\frac{k-1}{k}} - 1 \right\}} \tag{II.3.11}$$

質量流量はスロート部でマッハ数 $M=1$ のチョーク状態で求められ，そのときの圧力比ならびに流量は以下の式で表される．

$$\frac{P_\text{throat}}{P_c} = \left(\frac{2}{k+1} \right)^{\frac{k}{k-1}} \tag{II.3.12}$$

$$\frac{dm}{dt} = A_\text{throat} \sqrt{k \left(\frac{2}{k+1} \right)^{\frac{k+1}{k-1}}} \frac{P_c}{\sqrt{RT_c}} \tag{II.3.13}$$

また，ノズル内の任意断面積 A における状態量は，連続の式より，以下の関係式となる．

$$\frac{dm}{dt} = \rho u A = \text{const.} \tag{II.3.14}$$

$$\therefore \ A \frac{P_c}{RT_c} \left(\frac{P}{P_c} \right)^{\frac{1}{k}} \sqrt{\frac{2k}{k-1} R \cdot T_c \left\{ 1 - \left(\frac{P}{P_c} \right)^{\frac{k-1}{k}} \right\}} = A_\text{throat} \sqrt{k \left(\frac{2}{k+1} \right)^{\frac{k+1}{k-1}}} \frac{P_c}{\sqrt{RT_c}}$$

$$\tag{II.3.15}$$

$$\therefore \quad \frac{A}{A_{\text{throat}}} = \frac{\sqrt{\frac{k-1}{2}\left(\frac{2}{k+1}\right)^{\frac{k+1}{k-1}}}}{\left(\frac{P}{P_c}\right)^{\frac{1}{k}}\sqrt{1-\left(\frac{P}{P_c}\right)^{\frac{k-1}{k}}}} \quad \text{(II.3.16)}$$

これから，圧力比 (P/P_c) を下げて速度 u を上げるためには，開口比 (A/A_{throat}) を大きくする必要があることが分かる．膨張後，ノズル出口 e での排気速度 c_e は次式となる．

$$c_e = \sqrt{\frac{2k}{k-1}RT_c\left\{1-\left(\frac{P_e}{P_c}\right)^{\frac{k-1}{k}}\right\}} \quad \text{(II.3.17)}$$

ノズル周囲圧力 P_a によって得られる推力は変化するが，これは次式となる．

$$F = c\frac{dm}{dt} + A_e(P_e - P_a) \quad \text{(II.3.18)}$$

ノズル出口圧力 P_e がノズル周囲圧力 P_a より高いときは膨張不足状態で，流れはさらに膨張するが，逆に低いときは過膨張状態となり流れは収縮する．大気圧下で作動する第1段エンジンではノズル出口圧力を低くし過ぎるとノズル内部で剥離が起こり大きな横推力を発生する等の問題があり，実際の膨張には限度がある．一方，真空中で作動する第2段エンジンでは性能を上げるため大きな開口比をとることが多い．実際のエンジンではノズル壁での境界層損失を加味して開口比を決定する．

c) 実際の燃焼ガス特性

ノズル性能は開口比，燃焼温度，比熱比によって決まることが分かったが，性能を出すためには，式 (II.3.10) から分かるように，燃焼ガス温度 T_c，気体定数 R が高く，比熱比 κ は1に近い値であることが望ましい．ここでは実際の燃焼ガスについて，反応式が簡単な水素，酸素を取り上げながら述べてみる．標準状態の水素と酸素の発熱反応は，以下のように表される．

$$2H_2 + O_2 \longrightarrow 2H_2O + 572\,\text{kJ/mol}$$

燃焼ガス温度を上げるには，化学反応熱量が最大となる酸素と水素の当量比 8 で混合させて燃焼させるのがよいように思えるが，図 II.3.4 から分かるよ

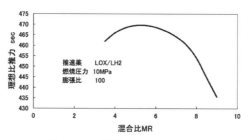

図 II.3.4　実燃焼ガスの理想比推力

うに実際には混合比は 5-6.5 程度にとったほうがよいことが分かる．これは，後述のように燃焼ガス温度には上限があるため，水素リッチな状態にして燃焼ガスの平均モル数を抑えて気体定数を高くとったほうが，結果的に排気速度 c が上がることによる．実際の液体酸素／液体水素エンジンでも 5.5-6.5 程度の混合比としていることが多い．

では，実際に燃焼ではどのような状態になっているのであろうか．水蒸気の分子量 18，比熱比 1.33 を使って，理想気体の状態方程式で解くと，温度上昇量が約 15000 K となるが，実際には 3000 K 程度までしか上がらない．表 II.3.1 に実際のエンジン内部の物性計算値の例（混合比 6）を示す．実際の燃焼ガスでは比熱比が 1.17 程度となっている．これは図 II.3.5 に示すように，燃焼室内部では温度が高いため，燃焼ガスの 10 wt% 程度が H^+，OH^- などのイオン状態にあることによる．燃焼ガスはギブズの自由関数が最小になるように物性値が変化しており，3000 K 程度の高温状態では一部がイオン化状態にあるほうが安定状態にある．燃焼室内部に比べてノズル出口付近では膨張により燃焼ガス温度が下がるため，イオンが再結合して消滅するとともに比熱比が 1.3 と上がっていることが分かる．

実際のロケットエンジンの詳細設計にあたっては，これらの変化を入れて性

表 II.3.1　実燃焼ガスの特性

	燃焼室	スロート	ノズル出口
膨張比		1.0000	280.00
比熱比	1.1684	1.1637	1.3079
音速 [m/s]	1588.5	1535.8	775.9
M [mol, wt]	12.636	12.774	13.184

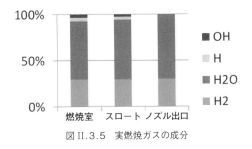

図 II.3.5　実燃焼ガスの成分

能予測がなされるが，簡易式で全体の傾向を理解しておくことが大切となる．

II.3.2　エンジンサイクル

a)　エンジンサイクルの種類

ロケットエンジンで高圧燃焼圧を達成することは高性能化にもつながる重要な技術である．この高圧を生み出すためエンジンサイクルは極めて重要となる．高温化は燃焼現象により実現されるが，高圧化には大きく以下の方式がある．

①燃料タンク自体を高圧化するタンク加圧方式
②燃料をポンプで昇圧するターボポンプ方式
③燃焼時の高温ガスの膨張を利用するパルスデトネーション方式

このうちタンク加圧方式はタンク重量が大きくなるため小型ロケット向きであり，また，パルスデトネーション方式は爆轟現象（デトネーション）による衝撃と不連続性で研究段階にあるため，大型の主力ロケットのほとんどはターボポンプ方式を採用している．

図 II.3.6 にターボポンプ方式の代表的なエンジンサイクルを示す．エンジン構成要素は推力室組立（燃焼室＋噴射器），ターボポンプ，ガスジェネレータ，バルブ，配管，コントローラ類から成る．熱サイクルは，図 II.3.7 に示すように，タービン駆動ガスの発生方式と駆動ガスを燃焼室に戻すか排気するかで大きく分類される．それぞれの特徴についてまとめる．

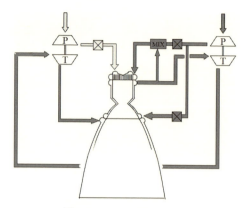

図II.3.6　エンジンサイクル

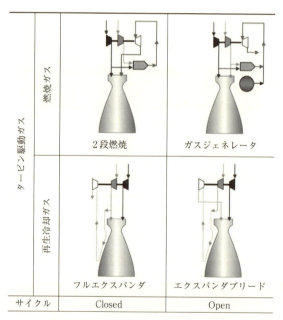

図II.3.7　ロケットエンジンサイクルの分類

◆　タービン駆動ガスの発生方式から見た場合

燃焼ガスによる駆動：2段燃焼，ガスジェネレータサイクル
・燃焼ガスの混合で駆動ガス温度を得るため，パワーを得やすい

- ハードウェアが溶損することないように燃焼ガス温度をコントロールする必要がある
- ポンプ負荷とタービン動力の連動が重要で，ターボポンプの過回転等を防止する必要がある

再生冷却ガスによる駆動：エキスパンダサイクル
- 燃焼室再生冷却ガスでパワーを得るため，システムがシンプルになる
- ハードウェア溶損を起こしにくく，ロバストなシステムを得やすい
- パワーを得るために，大型の燃焼室が必要となる

◆ タービン駆動ガスの処理方式から見た場合

駆動ガスを燃焼室に戻すClosedサイクル
- 全燃料を推進剤とするため，比推力が高い
- タービン背圧が燃焼室圧力より高いため，高いシステム圧力（ポンプ吐出圧力）が必要でポンプ負荷が大きくなりやすい
- ガス流量が多く，効率の良い反動タービンを使用できる
- ポンプ負荷，タービン動力が，着火時の急激な燃焼室圧力上昇等の変化を受けやすいため，始動時のポンプとタービンのバランス取りに工夫が必要

駆動ガスを排気するOpenサイクル
- タービン駆動ガスの排出分，比推力は低下する
- システム圧力は燃焼室圧力を基準に設定できるため，ポンプ負荷を低く抑えられる
- 高タービン圧力比，低流量ガスの衝動タービンを使用する必要がある
- タービンパワーとポンプ負荷が独立しているため，パワーバランスは取りやすい

エンジンサイクルは，上記の特性を踏まえつつ，どのステージ（ブースタ段，上段等）に用いるのかによって，以下のような点も考えて選択する必要がある．
- 推力制御機能の有無
- 複数回着火（真空着火）機能の有無

・推進薬セットリング機能（アイドルモード）の有無

　日本でも，これまでガスジェネレータ，2段燃焼，エキスパンダブリードなどのエンジンサイクルが開発されてきたが，どのサイクルが優れているかということではなく，どのような特性に対して，どのようなサイクルを適用するか，適正を考えて選択されてきた．実際，LE-7Aに代表される2段燃焼サイクルはシステム圧力を高圧化することで小型・高推力エンジンが実現できるためブースタ段に適用されているし，LE-5Bに代表されるエキスパンダサイクルはタービン駆動ガスに水素ガスを用いているため，エンジン停止後の水分による氷結問題（真空中に水分があると氷結する）がなく，複数回着火が必要な上段エンジンに適用されている．

b） エンジン熱サイクルの試算例

　ここでは，最も簡単なフルエキスパンダサイクルを一例として，エンジン熱サイクルの試算をしてみたい（図II.3.8）．ここでは非常に簡単な扱いとするため，以下を仮定する．

　　・ポンプで昇圧される燃料，酸化剤の密度 ρ_F, ρ_O は，非圧縮性で一定とする
　　・噴射器入口圧力は，燃焼圧力の定数倍 k_{CJO}, k_{CJF} とする
　　・燃焼室冷却部の圧力損失は，燃焼圧力の定数倍 k_{CJO}, k_{CJF} とする

タービン駆動を行うタービン動力 W_T と（酸素ポンプ負荷 W_{PO} ＋水素ポンプ負荷 W_{PF}）が釣り合わなければならないが，このときのタービン駆動ガス温度がどのように変化するか求めてみる．

ポンプ：

$$W_{PO} = \frac{1}{\eta_{PO}} \cdot Q_O \cdot (P_{DO} - P_{SO}) \qquad (\text{II}.3.19)$$

$$W_{PF} = \frac{1}{\eta_{PF}} \cdot Q_F \cdot (P_{DF} - P_{SF}) \qquad (\text{II}.3.20)$$

$$P_{DO} = k_{CJO} \cdot P_C \qquad (\text{II}.3.21)$$

$$P_{DF} = \frac{P_{T1F}}{P_{T2F}} k_{CJF} \cdot P_C + k_{cool} \cdot P_C \qquad (\text{II}.3.22)$$

II.3.2 エンジンサイクル

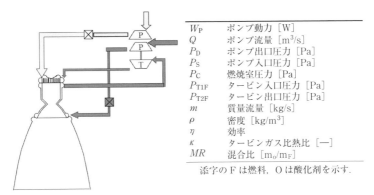

W_P	ポンプ動力 [W]
Q	ポンプ流量 [m³/s]
P_D	ポンプ出口圧力 [Pa]
P_S	ポンプ入口圧力 [Pa]
P_C	燃焼室圧力 [Pa]
P_{T1F}	タービン入口圧力 [Pa]
P_{T2F}	タービン出口圧力 [Pa]
m	質量流量 [kg/s]
ρ	密度 [kg/m³]
η	効率
κ	タービンガス比熱比 [—]
MR	混合比 [m_O/m_F]

添字の F は燃料，O は酸化剤を示す．

図 II.3.8 フルエクスパンダ

タービン：

$$W_T = \eta_T \cdot m_T \cdot C_p \cdot T_{T1F} \left\{ 1 - \left(\frac{P_{T2F}}{P_{T1F}} \right)^{\frac{\kappa-1}{\kappa}} \right\} \quad (\text{II}.3.23)$$

ただし，

$$P_{SO} \approx 0, \quad P_{SF} \approx 0 \quad (\text{II}.3.24)$$

$$Q_O = \frac{m_O}{\rho_O} = \frac{MR \cdot m_F}{\rho_O} \quad (\text{II}.3.25)$$

$$Q_F = \frac{m_F}{\rho_F} \quad (\text{II}.3.26)$$

とする．ここで，パワーバランスより，タービン入口の温度を求めると以下のようになる．

$$W_T = W_{PO} + W_{PF} \quad (\text{II}.3.27)$$

$$\therefore T_{T1F} = \frac{\left[\frac{MR}{\eta_{PO}\rho_O} \cdot k_{CJO} + \frac{1}{\eta_{PF}\rho_F} \left(\frac{P_{T1F}}{P_{T2F}} k_{CJF} + k_{cool} \right) \right] \cdot P_C}{C_p \cdot \left[1 - \left(\frac{P_{T1F}}{P_{T2F}} \right)^{-\frac{\kappa-1}{\kappa}} \right]} \quad (\text{II}.3.28)$$

この式の形からタービン圧力比（$P_{T1F}/P_{T2F}>1$）に着目すると，1 に近づいても大きな値になってきてもタービン温度は上昇することになるため，温度を最も低く抑える最適なタービン圧力比が存在することが分かる．

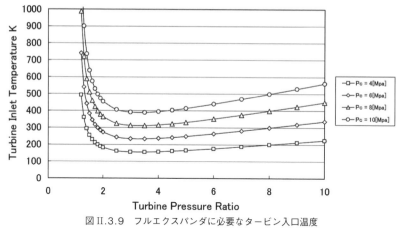

図 II.3.9　フルエキスパンダに必要なタービン入口温度

$MR=5.5$, $\eta_{ftp}=0.5$, $\eta_{otp}=0.5$, $k_{opt}=1.3$, $k_{cjf}=1.2$, $k_{cool}=1.3$.

　実際，適当な値を上式に入れて燃焼圧力をパラメータに振ってみると，図 II.3.9 のように，下に凸のグラフとなることが分かる．タービン圧力比が小さいとパワーが出ない一方で，タービン圧力比が高すぎるとポンプ昇圧の負荷が大きくなりすぎるため，適正なタービン圧力比が存在することが分かる．

　これに伴って，フルエキスパンダサイクルの場合，原理的に最低限必要なタービン入口温度が与えられ，必要な再生冷却交換熱量，すなわち燃焼室の大きさが決定される．

　他のエンジンサイクルでも同様に計算されて熱サイクルの成立性を見ていく．実際のエンジンサイクル決定に当たっては，定常条件だけではなく，エンジン始動・停止時の過渡現象やコンポーネントの挙動も考慮に入れる必要がある．

◆　日本独自のロケットエンジンサイクル：エキスパンダブリード

　図 II.3.10 に H-II ロケット 8 号機のフライトデータを示す．この打ち上げは LE-7 エンジンの早期停止により失敗したミッションであったが，実は，1-2 段分離後，2 段がタンブリングする状態で飛行したにもかかわらず，LE-5B エンジンは着火コマンドを受信後，ポンプはほとんどガス状態にあったが遅れ

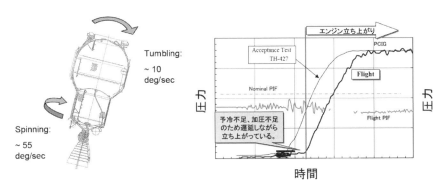

図 II.3.10　H-II ロケット 8 号機のフライトデータ（JAXA 提供）

て立ち上がり，最終的に正常に始動し，定常燃焼を続けていたことが判明している．

　エキスパンダブリードサイクルには，本質的に環境条件に対して非常に高いロバスト性があることが後の検証の中で判明した．このフライトでは，ガス状態で始動条件が整わないうちは，タービンパワーは低いままで低速回転し，やがて液が流れ始めてポンプパワーが上昇するとこれにあわせてタービンパワーも上がり，最終的には定常燃焼に至るという立ち上がりの自律特性を示している．

II.3.3　エンジンの構成要素

　ここでは液体ロケットエンジンの大まかな構成要素とその役割を示す．詳細な設計の内容については，ここでは省略する．

a)　推力室組立

　推力室組立は，噴射器と燃焼室から成る（図 II.3.11）．推力室組立は主に以下の機能を果たす．
　・発生推力を受け，これを機体に伝える
　・燃料／酸化剤を混合・燃焼させ十分に燃焼させる
　・（エンジンシステム上必要があれば）再生冷却で熱量を集める

　噴射器には多数のエレメントがあり，このエレメントで燃料と酸化剤を微粒

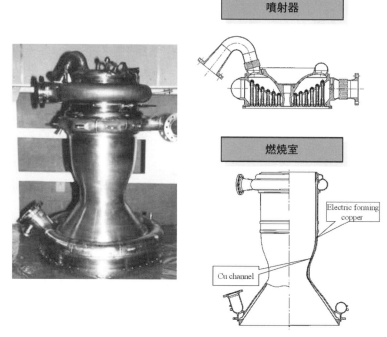

図 II.3.11 推力室組立 (JAXA 提供)

化 → 混合 → 燃焼させて高温ガスを発生させる．エレメントには衝突型，スワール型，同軸型など多数の種類があるが，燃料・酸化剤の組み合わせやその作動状態によって適正なエレメントを選ぶ必要がある．また，燃焼室は内部に3000 K を超える高温燃焼ガスにさらされるため，燃料あるいは酸化剤により再生冷却させることによってハードウェアを守る必要がある．燃焼室壁面では熱流束が高く板厚が厚いと溶損し，薄すぎると圧力荷重に持たなくなるため，このバランスをとることが大切になる．過去にはチューブ構造が多かったが，現在では伝熱特性と強度に優れた銅合金を用いたチャンネル構造が多くなっている．

b）ノズルスカート

ノズルスカートは，II.3.1 b) でみたように，超音速流を発生させる重要な

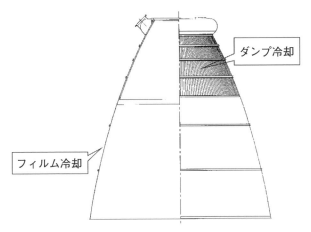

図 II.3.12 ノズルスカート (JAXA 提供)

コンポーネントの1つである．ノズルスカートでは燃焼室のスロート部分から膨張し始めたガスの流れを，図 II.3.12 のように面積比をさらに拡大しながら加速させ，同時に推力軸線方向に速度ベクトルを偏向させる必要がある．

超音速流れの中では，段差等による衝撃波の発生を抑え，流れの剥離を防止しなければならない．強い衝撃波の発生は，損失が大きくなるばかりでなく，流れの再付着によりホットスポットができるなどの種々の問題が発生する．大気圧で始動するブースタエンジンでは，さらに流れの剥離を招き，これによる振動的な横推力でエンジンを破損するリスクもある．構造的には，膨張に伴って内部温度は低下するが，それでも 1000 K を超える高温燃焼ガスに晒されるため，再生冷却，ダンプ冷却，フィルム冷却によりハードウェアを守る必要がある．

c) ターボポンプ

ターボポンプは駆動源となるタービンと負荷となるポンプが直結，あるいはギヤを介して連結されている回転流体機械である．ターボポンプは以下に示すような種類の異なる設計条件を加味して設計がなされる．

・タービン性能，ポンプ揚程-流量特性と回転数
・ポンプ，タービン，シャフト等のロータ体格と危険速度

図 II.3.13　ターボポンプ(JAXA 提供)

- ポンプ／タービンの軸方向推力のバランス機構と軸受け荷重
- ポンプ軸受け回りなどの二次流れのバランス／シャフトの摺動シール

　一般に回転数を高速化できると小型化が図れるが，軸振動問題や加工性など様々な課題をクリアしなければならない．ロケットエンジンの中でも液体水素ターボポンプは密度が低いため，吐出圧力を上げるには高速回転が求められる．実際，液体水素ターボポンプの回転数は 40000-50000 rpm 程度にとられていることが多い．液体酸素ターボポンプでも 15000-20000 rpm 程度で，概してロケットエンジンに使われるターボポンプはハイパワーな高速回転機器として扱われる．

II.3.4　今後のロケットエンジンに求められる信頼性・安全性

　車，鉄道車両，航空機など様々な輸送機関に究極的に求められるものは安全，安心であり，常に信頼性・安全性の向上が求められる．ロケットは現時点

で人類が持つ最速の輸送機関であり，特に高い信頼性・安全性が求められる．秒速 8 km で移動するロケットと時速 100 km の車を比較すると，速度で 288 倍，運動エネルギーでは実に 83000 倍以上の差があり，仮に被害の期待値を同規模に抑えようとすれば，その信頼性のレベルを 4 オーダー以上に高める必要がある．ここで，信頼性と安全性といった概念をまず整理しておきたい．

　信頼性：要求された機能を要求された期間満たしている性質を示す．安全ではなくとも高い信頼性を保つことはできる

　安全性：危険な状態に推移しない性質を示す．安全の中でも，もともと危険な状態に陥らないものを本質安全，安全装置など危険な状態にしない機能を持たせたものを機能安全あるいは制御安全という

　信頼性と安全性はもともと異なる概念であり，その両方を満足していることが輸送機関の理想の姿である．もともとロケットは，その生い立ちからペイロードを運ぶ輸送能力が第一であり，軽量化，高性能が強く求められていた．その後，様々な衛星を打ち上げる商業化の流れから，高い信頼性が次第に求められるようになった．現在では再使用化の流れもあり，信頼性と安全性を求める傾向がますます強くなってきている．この要求に答えるため，近年の動向として，コンピュータによるシミュレーション技術を駆使して，様々な「ばらつき」に対して機器の耐性を上げる「ロバスト設計」が主流となっている．またエンジンヘルスモニタなどの監視装置をつけて，機器自体の信頼性を向上させるとともに，機能安全を図る流れも見られる．

　一方，航空機などの分野では，さらに進んで本質安全設計の範囲を拡大することが行われている．代表的なものに「フューズポイント」という概念導入がある．例えば，ジェットエンジンではタービンブレード（動翼）の付け根を最も弱く設計し，かつ，タービンブレードが飛んでもエンジン外殻を突き破らないように設計することで，万一の場合でもエンジン全体の壊滅的な破壊を防止し，機体を守る考え方である．ロケットエンジン開発でも，種々の事故，不適合の経験から故障をある範囲でコントロールすることが可能になりつつあるため，本質安全設計の範囲を拡大できるようになりつつある．エンジンの壊滅的な破損を防ぎ，ミッションの継続やペイロードの安全な帰還を可能とする本質安全なシステムを求める動きが広がってくると思われる．　　　　〔渥美　正博〕

文　献

[1] 渥美正博, 吉川公人, 小河原彰, 恩河忠興, (2011) LE-X エンジン開発へ向けた取り組み, 三菱重工技報, **48**(4), 40-48.
[2] 河崎俊夫 編著, (1986) 宇宙航行の理論と技術, 地人書館.
[3] 日本機械学会 編集, (2002) 機械工学便覧 応用システム編 γ11 宇宙機器・システム日本機械学会.
[4] Atsumi, M. and A. Ogawara, (2002) Development of Advanced Expander Engine, 4th International Conference on Launcher Technology.
[5] Caisso, P., R.C. Parsley, T. Neill, S. Forde, C. Bonhomme, M. Takahashi, M. Atsumi, D. Valentian, A. Souchier, C. Rothmund, P. Alliot, W. Zinner and R. Starke, (2008) A Liquid Propulsion Panorama, 59th International Astronautical Congress.
[6] Huzel, D.K. and D.H. Huang, (1992) Modern Engineering for Design of Liquid-propellant Rocket Engines, AIAA.
[7] Kishimoto, K., (2002) Development of LE-5B Engine", AIAA Short Course.
[8] Kraemer, R.S., (2005) Rocketdyne: Powering Humans into Space, AIAA.
[9] Sack, W.F., J.H. Watanabe, M. Atsumi and H. Nakanishi, (2003) Development Progress of the MB-XX Cryogenic Upper Stage Rocket Engine, AIAA Joint Propulsion Conference.
[10] Sutton, G.P. and O. Biblarz, (2010) Rocket Propulsion Elemnts, Seventh Edition, John Wiley & Sons.

第 III 部　未来エンジン

第 1 章
究極熱効率エンジン（Fugine）

　筆者らは大幅断熱・排熱低減とともに，価格・エミッション・燃焼騒音の要求を満たすポテンシャルを持ち，発電・自動車・航空宇宙を含む万能用途で利用可能なエンジンを提案してきた．多重パルス噴流衝突圧縮原理によるエンジン（図 III.1.1，Future Ultimate Engine (Fugine)）である．この原理について，熱流体物理学に基づく理論やスパコンシミュレーションによる検討を行うとともに，並行して3つのプロトタイプエンジン（図 III.1.2〜III.1.4）の基礎燃焼実験を行ったところ，「圧縮と燃焼」を示す圧力，温度上昇データが得られた．サイズによらず，自動車やロケット等の多用途で，原理的ではあるが，燃焼騒音レベルを維持したままで，従来エンジンを凌駕する高熱効率の見通しを得ている．かなりのレベルの圧力上昇が得られるとともに，100年以上の間，実現されてこなかった「ほぼ完全な壁面断熱効果」の可能性を示唆する結果（燃焼室壁温が大気レベルのままで上昇しないデータ等）が得られ，高出力を示唆するデータも出始めているからである．以下にその詳細を示すとともに，それを後押する独自の「道具（新たな次元のシミュレータ）」についても述べる．

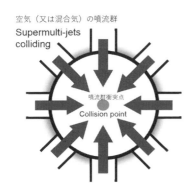

図 III.1.1　多重パルス衝突噴流圧縮原理
燃焼後の高温ガスと燃焼騒音も中央に封鎖．

図 III.1.2　航空宇宙用プロトタイプエンジン
　　　　　（1 号機）

図 III.1.3　地上用プロトタイプエンジン
　　　　　（2 号機）

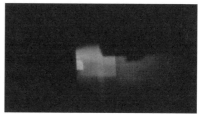

図 III.1.4　航空宇宙用プロトタイプエンジン始動時の燃焼発光例

III.1.1　はじめに

　筆者が若い頃から意識してきたエンジンの大きな問題は 2 つある．

　1 つめの問題は，市販されているバイクや自動車用等のガソリンエンジンの熱効率（thermal efficiency）は最大で 45％位までで，低速では 20％程度かそれ以下まで下がっている．また，航空用のジェットエンジン（jet engine），ラムスクラムエンジン（ram-scram engine），パルスデトネーションエンジン（pulse detonation engine）等でも，エンジン単体のエネルギーの有効利用率（熱効率）の多くは，半分レベル程度かそれ以下であり，残りの半分は捨てられている．特に小さなエンジンでは燃焼室壁面からの放熱による損失が大きくなり，さらに効率低下している．ロケットエンジンでは，再生冷却（燃焼室壁からの伝熱エネルギーの再利用）をしているので高高度では高効率と考えられるが，1 段目の地上からの発射後しばらくの間では，有効利用されずに捨てられているエネルギーがかなりあると思われる．

従来の常識的なシナリオで今後数十年の限界熱効率を考えてみると，自動車用ピストンエンジンの熱効率では，仮に「更なる高圧縮比化をしつつ，燃焼室側壁での完全な断熱ができたとしても」60％よりも少し低い値が理論的な限界だと言われている．60％にほど遠い状態にいるのは，高圧縮比化すれば騒音，振動が増加し，断熱化によって熱を燃焼室にとどめようとしても，排気ガスに逃げ，仕事になりにくいことが理由の1つである．

もう1つの問題は，地上から航空宇宙用までの広い速度範囲で利用できる単体のエンジンがなかったことである．地上から宇宙か，それに近い高高度に行くには，2つ以上の異なるエンジンを搭載せざるを得ず，その信頼性・安全性確保のために必要な尽力は2倍を超えた値であろう．複数のエンジンを積んでロケットが上がっていく姿は「たくましい」が，「息切れしそうでつらそう」でもある．

III.1.2 理　　論

従来エンジンで，その燃焼室壁が可逆断熱であると仮定した理想サイクル論の図示熱効率 η は，粗い試算だが，圧縮比 ε（密度比）を用いて

$$図示熱効率\, \eta = \frac{得た動力}{投入エネルギー} = 1 - \frac{1}{\varepsilon^{\kappa-1}} \tag{III.1.1}$$

と近似的に書くことができる（空気と炭化水素燃料の混合気では，比熱比 κ が 1.3 から 1.35 程度である）．

この式（III.1.1）から，基本的には，圧縮比 ε を大きくすればするほど，図示熱効率 η は向上し，出力（取り出せる動力）も大きくなることが分かる．圧縮比を上げるほど，排気ガスに捨てていた熱エネルギーが出力に変わるためである．ただし，従来エンジンでは，圧縮比を上げると燃焼騒音が増大するために限界があり，圧縮比 $\varepsilon=20$ 程度が限界とされ，これを式（III.1.1）に入れると図示熱効率は 60％ほどになる．機械摩擦等のロスを引いた実質的熱効率（正味熱効率）はそれより低くなり，最大で 55％ 程度と思われる．

筆者らが10年ほど前に提示した新たな圧縮原理（図 III.1.1, 特許権利化済, Naitoh, et al., 2010）では，まず，従来型の始動用セルモーターなどで

短い時間の間，燃焼室内部を減圧（真空に近づけた状態に）し，外部大気との圧力差によって，大気と燃料を燃焼室に急速吸引し，これによって燃焼室内に音速レベルの高速噴流を多数生成させる．また，始動時は，グロープラグやトーチ等で強制着火し，その出力の一部で負圧形成することもできる．次にその高速気流の噴流群を，燃焼室中心部（正確に言うと，燃焼室中央付近に限定された小・中領域，図 III.1.5）でほぼ同時に衝突させることにより，気体を燃焼室中央部のみに封鎖，自己圧縮させて高温高圧状態にしてから燃焼させ，それをパルス状（脈動的）に繰り返して出力を得るものである．この原理では，燃焼後の高温ガスをも燃焼室中央部に封鎖でき，燃焼室壁面に到達しにくいために，燃焼室壁面から外部に放出する熱エネルギーを少なくすること（空気断熱）が可能で，結果として，熱効率が飛躍的に向上するポテンシャルを有している．

　エンジンの発明以来 100 年が経過しているが，意外なことに，筆者の知る限り，この単純な原理（負圧燃焼室内中心付近の小・中領域において多重パルス噴流を直接衝突圧縮させ，燃焼領域を包み込むようにするもの）のエンジンは，今まで試されてこなかった．燃料の対向噴流の研究はあるが，2 本の対向する高速パルス空気噴流によって圧縮させようとしたエンジン研究も見られな

Principle: auto-ignition in a limited region around chamber center

Spark ignition with less energy will be too narrow, while high-energy spark ignition will have a problem on durability.

Multi-auto-ignition such as those in Diesel and traditional pulse detonation leading to knocking around walls

図 III.1.5　新たな燃焼室中央部における自己着火原理と従来型エンジンの着火方式の差異

上段が新エンジン原理で，下段の 2 つは従来型の火花点火ガソリンエンジンとディーゼル・デトネーションエンジン．

いようである．2本では，1点で安定に衝突しにくいためではないか，と思われる．

この新たな圧縮原理（図 III.1.1 と図 III.1.5（上段の図）：多重パルス噴流の燃焼室中央部での衝突圧縮）では，理論的に，式（III.1.1）に従う従来エンジンよりも高い熱効率が得られる効果があることが見出された[1]．これは実質的熱効率（正味熱効率）がエンジン単体で60%を超える可能性を示唆している（Naitoh, et al., 2015）．

なお，圧縮比よりも膨張比を大きくとるアトキンソンサイクル化をすれば，上記よりももう少し熱効率向上が見込める．

III.1.3 三次元シミュレーションによって得られた「ほぼ完全な断熱化」

現在までに行った非燃焼シミュレーションでは，多重パルス噴流衝突圧縮によって，少なくとも，圧縮中心における圧力が外気の100倍レベル，温度は5倍程度が可能[2]であることが分かった．燃焼シミュレーションでは非燃焼時よりも圧力・温度が上昇するとともに，燃焼室壁のほぼ全面（ピストン表面を含む）で断熱化ができる見通しも得られた．多重パルス噴流によって中央部の高圧縮比化が可能なだけでなく，その噴流群で燃焼後の高温ガスを包み込んで燃

---

[1] 式（III.1.1）中の比熱比 κ の値は，燃料のない常温空気では1.4程度であり，燃料と混合すると，その燃料割合が増えるほど，小さな値（$\kappa=1.3$ 程度）になっていくが，式（III.1.1）を見ると，この κ が小さくなると，熱効率 η が大きくなりにくいことが分かる．しかし，新たな圧縮燃焼原理では，式（III.1.1）そのままには従わず，κ が1.4から小さくなっても η が式（III.1.1）の値よりも若干大きくなる傾向を示す．

例えば，噴流衝突直前の圧力を p_2，衝突直後を p_3 とすると，最も単純な2本の正面衝突によって得られる最大圧力比は，理論的に，

$$\frac{p_3}{p_2} = \frac{3\kappa - 1}{\kappa - 1}$$

で決まるが，比熱比 κ が小さくなるにつれて，圧力比 p_3/p_2 が大きくなることが分かる．これは従来型エンジンの理論とは異なる性質であり，熱効率をさらに上げる効果を意味している（Naitoh et al., 2015）．ただし，燃焼後の膨張行程では，従来エンジンと同様の可逆断熱膨張に近いので，圧縮・膨張行程全体で考えると，相殺されて，比熱比への依存は小さいと考えられる．

[2] 例えば，大気をある程度，過給圧縮した後，燃焼室に導入させて噴流群にして衝突させた場合，圧縮中心部の最大圧力は1000気圧程度，最大温度2000 K 程度という結果が得られている．なお，燃焼室側壁やエンジン出口の平均圧力・温度は燃焼室中央部より低く，そのため，燃焼騒音・振動が低く抑えられる可能性があるのである．

温度分布
Temperature

圧力分布
Pressure

図Ⅲ.1.6 シミュレーションによる燃焼後の温度・圧力分布
左：燃焼後の高温領域はピストンや燃焼室側壁に接触していない．右：高圧力領域はピストンに接触し，ピストンを押下げて動力を取り出せることが分かる．

焼室中央に閉じ込め，燃焼室壁に接触しにくいためである（空気断熱：図Ⅲ.1.6, Yamagishi, Naitoh *et al.*, 2016；木原ら，2015).

このシミュレーションによって，過給機を付加した場合，地上用の広範囲の運転速度領域で，かなりの高熱効率が得られる可能性を見出した．なお，強い多重パルス噴流衝突圧縮のみの場合だけでなく，弱めの多重パルス噴流衝突圧縮＋ピストンによる機械圧縮の場合でも断熱化の可能性がある．弱めの多重パルス噴流衝突によって，燃焼室中央部に温度が少し上昇した場所から自己着火燃焼を起こし，それによって発生した圧力波が音速レベルの速度で燃焼室の壁に行って，反射して戻り，圧力波よりもゆっくり進む燃焼後の高温ガスを中央部に押し戻す効果があるためである（木原ら，2015；内藤ら，2016).多重パルス噴流衝突を用いない場合でも，燃焼室中央において，ある程度の大きさの領域で自己着火ができれば，それによって発生した圧力波が燃焼室壁に反射して戻ることにより，燃焼した高温ガスを中央に封鎖できる可能性も残されている．圧力波は燃焼室中央部では強いが，燃焼室の壁に到達するまでには膨張して弱まり，その壁での反射後，また，強まっていくので，振動騒音レベルは高くならない原理である．これは，山でのヤマビコ（エコー）に似ている．発声

した人には，「発声した音声」と「山から反射して帰ってきた音声」は大きく聞こえるが，反射する山にいる人には聞こえないからである．

しかも，この多重衝突パルス噴流は，噴流速度が音速かそれ以上であれば，燃焼によって発生した騒音も中央部に封鎖して，燃焼室側壁から外部に放出しにくくする．さらに言うと，燃焼室壁面付近での自己着火ではないので，中央では高圧でもその後に膨張し，壁面に到達した際には圧力レベルが下がるため，比較的騒音振動が穏やかにできる．また，従来のディーゼルやパルスデトネーションのような自己着火型エンジンは燃焼室内の「多点同時」自己着火であったが，この新たな方式では，中心部の「一点（小領域）だけでの」自己着火であり，着火点数が少ないため，単位時間あたりの発熱量もそれに比例して少ない．したがって，圧力上昇も穏やかで，従来エンジンの騒音レベルにとどめられるポテンシャルがあることも分かってきた．

よって，この新原理では，過給機や遷音速域のジェットエンジンとの相性が良いことも分かってきた．過給機つきの従来型ピストンエンジンでは，過給圧力を上げるとノッキングしやすくなって，燃焼騒音振動が増大してしまう傾向があるのだが，この新原理のエンジンでは，過給圧力を従来以上にあげても騒音振動を低めにできる可能性があり，しかも，空気断熱効果で熱効率は上がるからである．

さらに，図III.1.1と図III.1.5（上段の図）に示した多重パルス噴流衝突による圧縮燃焼原理は，地上や航空用途だけでなく，ロケットまでを含む広い速度範囲で適用可能性があり，その検討も進めている（Konagaya *et al.*, 2017）．これは，この原理がエンジンの新方式というより，燃焼室内の圧縮・燃焼の基本的な新方式だからである．

III.1.4　3つの試作小型エンジンの実験結果

まず，3つの試作エンジンの差異とねらいについて述べる．1つ目（図III.1.2，図III.1.7の1号機）は，14本のパルス噴流の一点衝突圧縮のものであり，ピストンは無い．これは，複数のパルス噴流衝突で圧縮，燃焼がどの程度なされるかを調べるという基本的かつ重要な役割を担っているとともに，ロ

ケットを含む航空宇宙用途の基礎実験用という位置づけである．2つ目（図III.1.3の2号機）は，8本のパルス噴流の弱めの一点衝突圧縮で若干のホットスポットを生成した後，強非対称な動作をするダブルピストンで機械圧縮を加えたものであり，従来の地上用途のガソリンエンジンと同等の価格・燃焼騒音・エミッションのままで，ディーゼルレベルの熱効率を狙ったものである．3つ目（図III.1.8の3号機）は，24本のパルス噴流で強力な一点衝突を行って限界熱効率を目指すものであり，ピストンは1つのみで，吸気排気はロータリーバルブ等で行う．

　以下に，それぞれのエンジンについての実験結果の要点を述べる．

図III.1.7　航空宇宙用プロトタイプエンジン（1号機）のインテークと排気部

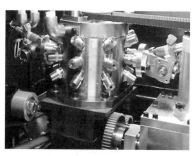

図III.1.8　24本の衝突パルス噴流+吸排気用ロータリーバルブ+シングルピストンの構成のプロトタイプエンジン

　3号機：このエンジンで用いる高速噴流生成のためには，従来のピストンエンジンに用いられるポペットバルブは適していない．吸気管から燃焼室に空気を入れる際，ポペットバルブ先端の傘部が邪魔をして直進する噴流を形成しにくいためである．なお，この構成では，かなりの断熱化ができれば，水冷機構が排除できる．ロータリーバルブからの気体の漏れや耐久性の問題は，実用化しているロータリーエンジンを考えると，クリティカルな問題ではないのではないかと考えている．

III.1.4　3つの試作小型エンジンの実験結果

　まず，2号機（図 III.1.3）から説明する．安価な自動車用の低燃圧ガソリン用噴射弁を吸気管内に設置した（準）予混合燃料気状態のプロトタイプエンジン（図 III.1.3：強非対称ダブルピストン＋8本のパルス噴流の一点衝突＋ピストン機械圧縮の構成）でガソリン自己着火が確認され，原理的ではあるが，使用頻度の高い部分負荷運転条件で，ディーゼルレベル（同価格帯燃料噴射系を用いた従来ガソリンエンジンの1.3倍程度）の熱効率，かつ，従来ガソリンエンジン程度の燃焼騒音を示唆する実験データが得られた（図 III.1.9 と Naitoh, Ohara *et al*., 2016；Ishiki, Naitoh *et al*., 2018 を参照）．2000 rpm の部分負荷条件でスロットルがない状態での予混合（あるいは，準予混合）における一点自己着火コンセプトの希薄燃焼実験データである．燃料を投入しない非燃焼実験では7気圧程度の圧縮後圧力だが，燃焼実験では20気圧以上に上昇しており，圧縮行程終了後にそのピークを迎えていることを確認している．このような圧力の時間履歴データと各時刻のピストン位置から，取り出せる動力エネルギー量を求め，（取り出せる動力エネルギー量）／（投入した燃料等のエネルギー）が図示熱効率となるが，その値が従来ガソリンエンジンレベルを超え，ディーゼルレベルとなることが見出された．なお，準予混合というのは，燃焼室中央部は予混合で，その周囲（燃焼室壁付近）は，空気（酸化剤）のみ，という二層領域化の意味であり，これは，ピストンによる機械圧縮

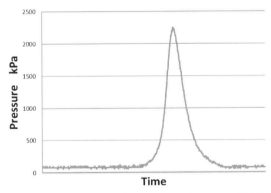

図 III.1.9　地上用プロトタイプエンジンでのガソリン自己着火燃焼時圧力の時間履歴の一例

　一定回転数で燃焼実験中の1サイクルのデータ：詳細なデータは，この章末に列記した研究成果論文などを参照．

比が比較的高い場合でも，燃焼室側壁付近での急激なノックを避け，燃焼室中央部だけでの穏やかな自己着火をさせやすくする可能性もある．この二層領域化は，吸気噴流群形成のための多数の吸気管（ノズル）の内の一部は，燃料と空気を予混合にして吸引し，それ以外の吸気管からは空気のみ吸引とすることで可能になると考えられる．燃料は直噴にして，吸気はすべて，空気（酸化剤）のみという構成でも可能である．

　燃焼安定度は改善してきているが，まだ，実用化のためには不足している．実用化レベルになれば，このタイプのエンジンでは燃料を予混合状態に近づけやすいため，エミッション（NO_x や Soot（すす）等）も従来のガソリンエンジンレベルが期待できると考えられる．この原理では，多数の高速空気噴流が液体燃料の微粒化・気化を促進する効果もあり，比較的低燃圧・低価格の燃料噴射弁にすることが期待できるため，コスト増加を抑えたままで，ディーゼルエンジンのような低 CO_2 排出レベルを維持しながら，エミッションの問題も対処しやすい可能性もある．

　また，この図 III.1.9 から，圧力上昇度，つまり，圧力上昇の勾配（単位時間あたりの圧力上昇率）も従来の火花点火ガソリンエンジンと同等レベルの小ささであることが分かる（Naitoh, Ohara et al., 2016）．この図 III.1.9 の圧力上昇がディーゼルエンジンや従来型ガソリン自己着火エンジンのように急激でないことは，燃焼騒音が抑えられることを意味している．なお，高負荷条件で，より高圧かつ穏やかな圧力上昇のデータも得られている．

　なお，図 III.1.3 のプロトタイプエンジンでは，従来型のクランク・ピストンを利用しているが，より広範囲の条件で 60％レベルを超える熱効率を目指すために，従来のダブルクランクのような形態とは異なる新たな要素も提案している（特許出願済）．

　ロケットを含む航空宇宙用プロトタイプエンジン（1 号機：図 III.1.2，図 III.1.7）でも，燃焼による圧力上昇が得られている（図 III.1.4 と Naitoh, Ayukawa et al., 2016；Naitoh, Tsuchiya et al., 2016；Konagaya, Naitoh et al., 2017 を参照．圧力ベル等の詳細も記載）．重要なことは，このプロトタイプエンジン（図 III.1.2，III.1.4，III.1.7）では，燃焼後に，燃焼室側壁でのほぼ完全な断熱効果（燃焼室壁温度が大気レベルのまま），かつ，かなり

III.1.4　3つの試作小型エンジンの実験結果　　　　　　　　　　　145

の圧力上昇の可能性を示唆するデータも得られた点である．壁温センサーはかなりの高感度・高速応答性のものを使用している．なお，多重衝突パルス噴流圧縮によって圧力が上昇した際の燃焼実験結果では，壁温度が大気レベルのままだが，通常の定常バーナー（多重衝突パルス噴流による圧縮をせず，圧力が上昇しない形態）での燃焼実験結果では壁温度は上昇していることも確認した．これは原理的に，前述したシミュレーション結果を裏付けるもので，飛躍的な高熱効率[3]の可能性が見出された．最近の大型ロケットエンジンでは，燃焼室への吐出圧力が高いことと，燃焼室壁からの伝熱で回収した熱エネルギーを燃料に戻す再生冷却がなされているので，断熱化に近い効果があり，60％程度の熱効率になっている可能性があるのだが，エンジン形状や空燃比の若干の変更等を行えば，筆者らの新エンジン（Fugine：Future Ultimate engine）でも，それに見劣りしない値を示唆する推力のデータが得られ始めている（ロケット実験の結果は，CopyRightの関係で，この本に，具体的なデータは載せていないが，詳細は，この章末のSAEpaper，AIAApaper等の論文を参照してほしい．図III.1.7の小型試作エンジンで得られた推力の実験値を元にして，燃焼室断面積や空燃比等について各種の換算をし，さらに，エンジン形状の若干の変更をして得られた値と，従来の大型ロケットエンジンの性能値を比較して評価した値を比較した得られた結果である．燃料タンク圧力と燃焼室直径が本エンジンと同じ，従来型小型ロケットの推力値よりもかなり大きな値を示すデータも得られている）．しかもこれは，自動車用エンジンにおいては水冷機構を不要化し，重量の低減，余剰スペース拡大をできるポテンシャルを意味するとともに，ロケットでは耐熱性における信頼性向上の可能性を示している．これはどちらも再生冷却ではできなかったことである[4]．

3号機（図III.1.8）では，24本の噴流をロータリーバルブによってパルス状にしつつ，それらを燃焼室中央部で衝突させて圧縮する機構とシングルピストンを有するプロトタイプエンジンである．これはまだまだ，目標性能には遠

---

[3]　バイク・自動車用等の小型エンジンでは排気量が小さくなるほど，燃焼室側壁から捨てる熱エネルギーが大きいので，断熱化できるとその効果は大きい．よって，燃焼騒音レベルを維持したままの高圧縮比化で完全断熱がなされれば，これらの小型エンジンの部分負荷条件では従来型エンジンの2倍レベルで，高負荷で60％レベルの熱効率になり得る．
　　http://www.nedo.go.jp/hyoukabu/articles/201301mazda/index/html 等を参照．

いが，自己着火を示唆する燃焼による圧力上昇を得た．

燃焼室中央部を単純に超高圧高温にすると，NO_x 排出量が増大することが懸念されるが，価格が大幅に上昇しない状態での対策案も多数ある．例えば，かなりの希薄条件（理論混合比よりも3倍程度以上薄い条件）で燃焼にすれば NO_x 排出量は減らせることや，図 III.1.5 のようにある領域の広さの中央部を予混合にすれば，予混合自己着火（HCCI）燃焼で知られているように低 NO_x 化の可能性がある．また，かなりの高圧縮にした場合は，中央部で生成するプラズマを利用して NO_x 分解することも考えている．

III.1.5　多重衝突噴流による一点圧縮の安定性

先に述べたように，「高い圧縮比が毎サイクル得られるのであれば，高い熱効率は得られる」わけだが，ここで，多重衝突パルス噴流による燃焼室中央部での一点圧縮の安定性について述べておく．

非燃焼の空気噴流群の衝突実験を行った．図 III.1.10 は 16 本の多重衝突噴流をエンジン中心で衝突させた後の可視化（密度勾配分布）の一例だが，軸対称を維持した噴流衝突が確認できており，これは，安定な圧縮が可能なことを示している（Tsuru, Konagaya, Naitoh *et al*., 2018）．衝突する噴流の吸気管群が途中で曲がっており，乱れた流動になる可能性があるにもかかわらず，ほぼ安定な圧縮が得られているのは驚くべきことである．何故，安定になるのだろうか．多数噴流のうちで，その中の1つが噴流軸中心から左右のいずれかにぶれた場合，燃焼室中央に行く前に，ぶれた側にあるとなりの噴流と衝突し，そこで圧力が少し上がって，ぶれた噴流を元の方向に押し戻すと考えられるからである．図 III.1.10 に示した実験装置において，多数噴流のうちの1本をわざと閉じて可視化実験も行ったが，それでも，この対称性が，ほぼ維持

4）ロケットでは燃焼後の高温ガスが燃焼室側壁に接触する際，その熱エネルギーを燃料に戻して利用していると言われているが，そのすべてを推力・動力に変換するのは難しく，エンジン出口から排気されるガス温度も上昇させて捨てているはずである．燃焼室側壁のみからしか，熱を戻すことができず，燃焼室中央部の熱（高温ガス）はそのまま外部に放出するしかないからである．よって，本エンジン原理で騒音振動は従来レベルに抑えたままで圧縮比を高めながら，燃焼後の高温ガスを燃焼室側壁に接触する量を減らすことは，排熱低減で効率上昇に寄与するとともに，燃焼室側壁の耐熱性問題を緩和する効果もある．

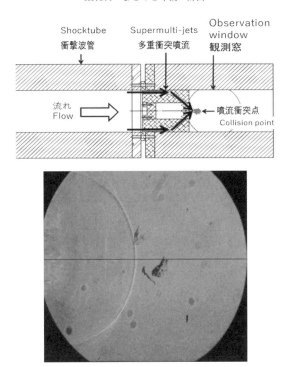

図 III.1.10　実験装置と可視化写真
(Tsuru, Konagaya, Naitoh et al., 2018 参照)

されることも分かった．更に，数値解析で，わざと噴流中心軸を多重噴流の衝突点からずらしたり，噴流の噴出時期を少しずらしても，衝突圧力レベルは変わらないことが得られている（中心一点での衝突よりも圧力が上がる可能性も得ている）．しかも，燃焼室壁圧力の実験値も，毎サイクル，同じレベルの圧力上昇が得られることを確認している（Naitoh, Tsuchiya et al., 2016）．現在，噴流群の衝突点圧力の測定をすすめている．

III.1.6　まとめと今後の計画

図 III.1.2 と図 III.1.7 のロケット用プロトタイプエンジンの始動時における短時間燃焼実験を繰り返したところ，「壁温度が大気レベルのまま，かつ，

燃焼による圧力上昇すること」の再現性が原理確認され，しかも，実験的に計測した推力，比推力は，この新たな圧縮燃焼原理のエンジンが熱効率60％レベルかそれ以上になり得るポテンシャルを有することを示唆しており，このことの意義は大きいと考えている（まだ換算の正確性について詳細な検証が必要ではあるが，既存の大型ロケットエンジンでは，地上からある程度の上空では60％レベルの熱効率であると考えられることから，原理的ではあるが，本エンジンはそれと同等レベルかそれ以上になり得るポテンシャルを有している．しかも，先に述べたように小さなロケットエンジンでは燃焼室壁からの冷却損失が大きくなるので，本エンジンのメリットは大きくなる）．

本エンジンは，比推力値（熱効率）が大きいだけでなく，パルスであるために，吸入空気量を定常の場合よりも多くすることも可能で，従来型ロケットと同等かそれ以上の推力（最大出力）にできるポテンシャルもある（本エンジンは間欠燃焼であるため，定常燃焼のロケットに比べて，最大推力値が下がるのではないか，と懸念する人がいる．しかし，この原理のエンジンでは，パルスであるために，吸気中において，燃焼室下流の圧力が大きく低下する時間帯があり，吸入される気体の質量流量を増加させられるため，推力値（最大出力）そのものも大きくできる可能性も見出された．なお，間欠燃焼のレシプロエンジンでは一般的に，慣性過給効果によって吸入空気量が増えることが知られている．よって，従来は，地上，航空宇宙用エンジンの研究開発は別々になされてきたが，すべてのエンジンを総合的に研究することの重要性が分かる）．

従来型定常燃焼の大型ロケットエンジンでは，再生冷却（燃焼ガスの熱を燃焼室壁から燃料に戻すこと）を行っているが，燃料温度の空間ばらつきが起きて，燃焼振動，燃焼不安定を起こしている可能性がある．しかし，本原理の新エンジンでは，再生冷却は用いないので，その意味で，燃焼安定性向上の可能性もある．

最近は定常燃焼ロケットエンジンが多いので，ロケット研究者の中にはパルス燃焼の非定常性に起因する振動問題を懸念する人もいる．しかし，本原理の新エンジン（Fugine）の基礎燃焼実験で計測された「燃焼に起因する騒音振動レベル」は自動車の実用基準を満たす可能性を示唆していることに注目すべきである．また，大型ロケットエンジンの燃焼室圧力レベルは，自動車エンジ

ンの燃焼室内圧力やその燃圧と同程度であり，しかも，自動車のような路面からの外乱はないため，何十年もの耐久性のある自動車エンジンの技術を利用すれば，ロケットの振動問題も解決の方向に向かうのではないか，とも考えている．なお，ロケットへの応用では，数年区切りで，パルスの強度を上げ，非定常性の度合いを上げていく開発も考えている．つまり，最初は定常噴流か，弱い振動流による噴流群衝突による「弱い圧縮」で行うということであり，この場合，ロータリーバルブを不要にできる可能性もある．なお，最近，筆者とは違う研究者達も，この多重衝突パルス噴流圧縮を追試し始めている．

また，現在はまだ燃焼室後流の拡大ノズルを設置していないが，基本的には，定常燃焼型の設計を基本とすることが可能なことも分かった．パルス開始からしばらくは，ポテンシャル流れであるため，拡大管でも剥離流れは発生しにくく，大きな問題はないと考えられるからである．

よって，地上用途の小型ガソリンエンジンの使用頻度の高い条件での熱効率について考えると，上記の複数のプロトタイプエンジンの研究結果は，「原理的ではあるが，我々は今，従来の1.3倍レベルから2倍レベルの間のどこかにいる可能性」を示している．また，ロケットでは耐熱性向上の可能性もあり，他機関との共同作業の打合せも進めている．よって，この意味で「究極熱効率エンジン」実現に向けた1つ目の大きなステップ（基本実験による原理確認の段階）を超えたと考えている．

だが，実用化に向けてまだやらなければならないことがいくつもある．まず，ハード・ソフトウェア両面における更なるアイデア（一部は特許出願済）を組み込んで，燃焼安定度の向上[5]や信頼性確保などの諸課題を解決する必要がある．また，従来型エンジンの最新要素技術も取り入れつつ，用途ごとに最適なエンジン構成を明確にしていくことも重要だと考えている．例えば現在，ピストンを含めたエンジンについては，ピストン運動を非正弦波状に動作可能

---

[5] いくつかのアイデアがあるが，まず基本的に，このエンジンの多数の吸気管（吸気ポート）は，点対称・軸対称に配置しているため，例えば，ピストン圧縮を付加した地上用途の形態（図III.1.3）で考えると，吸気後の燃焼室内の流動も圧縮行程のある時刻まで軸対称性を維持しやすいと考えられ，毎サイクルの流動場が安定して同じようになる可能性がある．もちろん，実験等で確認しなければならないが，この意味で，燃焼安定度を向上させやすい基本素質を持っていると思われる．

にする大幅改良を終え，試験に入っているとともに，ポペットバルブ有の従来エンジンでも大幅な断熱が可能かどうかも調べる段階に来ている．

また，より詳細な理論・シミュレーション・実験検討を行い，各用途（各速度領域）で，断熱かつ高圧縮比化による限界熱効率の値を明確にする．三次元非定常シミュレーションの精度をあげて，ターボコンパウンドの必要性とアトキンソン化の程度について定量的に明らかにすることも進めている．

なお，先にも述べたようにエンジンの効率や出力性能を支配する第一因子は，「燃料」と「空気」の流れ方によって決定される両者の混合状態であり，その混合状態に応じた「燃焼」が起こる．この「燃料」の流れ，「空気」の流れ，「燃焼反応」の3つの理論モデルと計算機シミュレータをも独自に構築し，上記の新エンジン（Fugine）の性能確認・性能向上検討を進めてきたわけだが，この3つの理論モデルは，新たな高次元の科学技術をも生み出しつつある．

「液体燃料」は燃焼室に噴射されると，「分裂」して小さな液体粒子になってから気化して空気と混合するが，この「分裂」現象は，原子核という粒子の「分裂」現象と相似である可能性が見出されている．原子核が液体粒子と同じように柔らかな粒子と考えると，どちらも，新たな統計熱流体力学理論で説明できる部分があるのである（Naitoh, 2012）．「素粒子から天体レベルに至る様々な粒子の分裂・崩壊現象という自然現象を引き起こす原動力（宇宙のエンジン）」の解明につながる可能性がある．なお，この研究から，60％レベルをさらに超える高熱効率化の別のアイデアを見出しており，これについては，この後の章で記述する（特許権利化済. Naitoh *et al*., 2016）．

自動車用ピストンエンジン内の「空気」の流れの解析方法が，多細胞生物の複雑な形態の発生過程をほぼ確実に引き起こす「原動力（生命のエンジン）」を巨視的に説明できる可能性も見出している（Naitoh, 2008）．ピストンエンジンの吸気行程と受精卵が個体まで成長するという現象はどちらも「膨張する袋に吸引管が接続されている」という点で，幾何学的に相似で，しかも，生命の70％を占める水の流れと空気の流れは同じ偏微分方程式によって記述されるからである．この発生過程を含む生命諸活動中の細胞分裂時の染色体配置パターン（細胞の中心を基点として放射状に染色体群が配置されるパターン）を

見ている頃に，上記の新たなエンジン構造もその配置パターンと同じようにしたらどうかというアイデアを思いついたことは筆者にとって重要である．エンジンの研究が生命の基礎研究の可能性を生みだし，それが，また，エンジンのさらなる研究のヒントを生んでいるからである．

「燃焼反応」の理論モデルを骨格にしながら，分子生物学の様々な知見を組み合わせて論理的に考えることで，生命分子群の基幹反応ネットワークを記述できる可能性も見出した（Naitoh, 2011；Naitoh and Inoue, 2013；内藤 2005；2006；2014）．これは，「多細胞生物が心身の病気から復活・再生するための原動力（生命のエンジン）」を解明するだけでなく，「社会が経済危機から復活するための原動力（経済のエンジン）」までをも説明する可能性がある．企業や社会も人間という生命の集まりだからである．

筆者は，「エンジンの中に宇宙の諸現象をみることができる（エンジンは宇宙の縮図）」と考えてきており，上記を含めた「6つの究極エンジンの研究」を加速して，理・工・経・医学分野を横断しながら「エンジン宇宙学（Engineverseology）」を構築し，未来の青写真をつくりたいと考えている．それが現在の政治・経済の混沌と先行不安解消の一助となれば幸いである．

III.1.7　このエンジンが実用化された場合の波及効果や社会的影響

まず，上記の究極エンジン（Fugine）が実用化されれば，地上や航空宇宙用エンジンのかなりの高熱効率化がなされ，環境問題解決の一助となるだろう．

例えば，この高効率な単体エンジンを搭載すれば，安価なエンジン自動車だけでなく，電池とエンジン両方を搭載したハイブリッド自動車の効率をさらに上げるとともに，それを使って各家庭で発電すれば，大型発電所からの送電・変電ロスをも削減し，エネルギー総合効率を実質的に向上させることも期待される．航空宇宙用機体の総重量に対する燃料重量の割合は50-90％程度と言われており，そのエンジンの熱効率向上は機体重量の低減をも可能にする．

さらに，今まで想像もできなかった豊かな新世界がもたらされる．例えば，沖縄・北海道のような美しい自然と新鮮な食材あふれる地域に住み，その道路から離陸して，都会の高速道路に数十分で着陸する超音速エアカーでの通勤が

可能になる．従来のジェットエンジンはその中央部に大きな回転軸等があるのだが，この Fugine の燃焼室中央部には機械部品がないため，超音速飛行では従来型の定常ラム・スクラム燃焼の形態をとりやすいからである（図 III.1.11）．地上の二次元平面上の道路よりも，広い三次元空間の空の方が衝突事故確率も少なく，最近の GPS 技術も，安全なエアカー飛行に寄与するかもしれない．

最後にひとつ，付記しておきたいことがある．この新エンジン（Fugine）について，「いつ頃，実用化できるのでしょうか？」と聞かれることがよくある．エンジンは，その信頼性確保に多大な労力が必要だと考えているが，筆者の答えは単純である．答えは「このエンジンに関わる人達のやる気次第！私も含めて！」である．

最近，日本では「ロードマップ」という言葉をよく聞く．これは短中長期計画の書類である．これを書くことは，自分や組織が進めていることを整理し，そのことによってその先をできるだけ確実に見通すために大切なことであるが，「書いてしまってホッとしてしまっては元も子もない」．私達の先輩方のおかげで，日本は第二次世界大戦後に大変な経済成長をしてきたわけだが，50年前に 50 年後までのロードマップが書けたのだろうか？ 世界は常に変化している．その変化を日々感じながら，自分の立ち位置，構え方を少し考えることが大切なのだと思っている．

筆者の研究室では今後も随時，論文提示や学会発表していくが，それらもきっかけとして，この新エンジンだけでなく，従来エンジンベースでも，別の研究グループ・企業が別の飛躍的効率のエンジン形態を見出し，各種エンジン

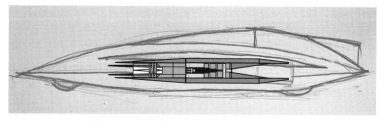

図 III.1.11　超音速小型エアカーのイメージ図
搭載しているエンジンは，多重パルス噴流の一点衝突圧縮に加えてロータリーバルブや特殊なピストンを併用した最終形態案のひとつである．

に関わる次代が活性化することを願っている．筆者もそれを常に考えながら研究を進めている．この十年間程の間の異常気象を身近に見ていると，次代のために急ぐ必要を感じざるをえないからだ．このままでは，宇宙に「第二の地球を探さなければならない」とまで思うので，誰もが簡単に繰り返して宇宙にいけるように格安で安全なロケットが必要，とも思っている．

有史以来，人は常に，「火」，つまり，「燃焼」に寄り添って暮らしてきた．その炎にやすらぎを覚えるのは誰もが同じであろう．この意味でも，エンジンは人類にとって欠くことのできないものである．エンジンは生命そのものなのだ．

III.1.8 究極熱効率エンジン（Fugine）の研究開発を加速するための影の立役者

筆者の研究チームでは，この新たな原理に基づくプロトタイプエンジンのすべての要素構成の設計を独自に行い，そこから5年間程の間，確実にその性能の高さを示唆する実験データを得てきている．これができたのは，上記の新エンジンのアイデア以外に，新たな次元の熱流体物理学（統計熱流体力学）の理論を提案したことにある．この理論がなかったら，おそらく，実験による原理確認には，もっと長い時間を要したか，途中で壁にぶつかっていたであろう．

100年以上前にReynoldsが，実験的に「管内の乱流遷移現象」を発見した．管の入口からしばらくは層流なのだが，その後，様々な大きさの渦の集まりである「乱流」へと遷移する現象である（図III.1.12）．

当然，この遷移は，様々なエンジンの吸気管でも起こるものであり，エンジンの燃焼性能に影響する．しかし，困ったことに，この管内の乱流遷移現象については，従来の連続体物理理論（流体力学）と数値シミュレーションは，「管内流動は乱流遷移しない」という結果を示し，100年以上にわたる謎だったのである．そんなことはない，と思われる方もおられるかもしれないが，従来理論で定量的に解明されたのは，平板の上での乱流遷移であり，完全に閉じた管内流れについては，理論とシミュレーションでは乱流遷移しなかったので，長い間，謎だったのである（平板というのは，平板から垂直方向に離れた領域は自由空間という意味である．また，従来の数値計算では，管の入口と出

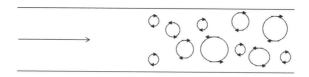

層流(laminar)　　　　　　乱流(turbulent)
図III.1.12　直管内における層流から乱流への遷移現象のイメージ

口を周期境界条件でつないで無限に長い管とした場合は乱流遷移するのだが，この境界条件を外して有限の長さの管とすると，とたんに層流のままで乱流に遷移しないのである）．エンジンの吸気・排気管内のどこで乱流に遷移するかという問いに，従来の流体物理理論は答えてこなかった．

　この謎が解けなかった理由は，理学・工学系研究者・エンジニアが，連続体近似した方程式（ランダムな項を持たない決定論的微分方程式）を用いたためであることが，10年ほど前に分かったのである．空気や水の流動現象では大抵，決定論的Navier-Stokes方程式（Naitoh and Kawahara, 1992）を基礎とするのだが，それを導出するための「従来の連続体平均操作の観測窓」のサイズよりも，わざと，少し小さい窓で現象を空間平均して，確率論的Navier-Stokes方程式（stochastic Navier-Stokes equation）を導出し，それを数値解析してみた．すると，100年間解けなかった「直管内の乱流遷移位置と入口乱れ強さの関係，パフ・スラグ，臨界レイノルズ数等」がスッと定量的に解析できてしまったのである（図III.1.13）．

　筆者らの理論・方法論においては，観測窓の大きさの決め方に独自性がある．入口境界における乱れ強さと，内部領域のランダムフォース項の大きさを同じにするように決定するようにした．解析する際，入口境界の上流は「未知」という意味で不確定で，内部も上述した粒子依存の「不確定性」が存在するので，どちらも不確定な量という意味で同じだから一致させる，という論理である．つまり，入口乱れが強い場合は，内部領域のランダムフォース的な項も大きくなるようにして，平均操作の観測窓も小さくするということである．入口乱れが大きければ，入口付近の薄い境界層内にも強い変動が生じ，それを解像するために，平均操作の窓も小さくしなければならない，という単純な論理だ．さらに，高速気流（遷音速・超音速状態）での乱流遷移位置の解析も進

III.1.8 究極熱効率エンジン(Fugine)の研究開発を加速するための影の立役者　155

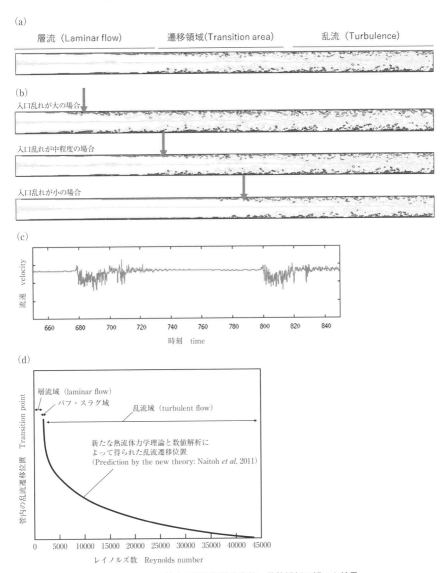

図III.1.13　直管内の乱流遷移を直接,数値解析で解いた結果
(a) 管の左端から流入してからしばらくは層流であるが,途中から遷移して乱流になる($Re=20,000$).
(b) 管の左端における乱れ(大気等の乱れ)の強さが弱いほど,乱流への遷移が遅れている.
(c) パフ・スラグの計算結果の一例($Re=4200$).
(d) Re 数と乱流遷移位置の関係の数値解析結果の一例(ある入口乱れ条件で).

めている（なお，連続体近似操作のときよりも小さい平均操作の窓にすることは，絶対零度であっても，密度の不確定性をもたらす）．

　この新たな理論・方法論は，従来の Large eddy simulation（LES）や Direct numerical simulation（DNS）等では解けなかった諸現象を高精度で解くことができる「次世代熱流体シミュレーションの方法論」になる素質を有していると考えられる．筆者らは，この方法論に基づいて，かなり前から，新たな次元の飛躍的性能向上型エンジンの先導的理論数値解析モデル群（Leading theoretic-computational model for Engendering Amazing Power-sources：LEAP）の構築を進めてきた．先に述べた図Ⅲ.1.6も，この数値解析モデルを用いて，スーパーコンピュータ上で計算した結果の一例である．近年，この方法論の多くの点について，複数の研究者が利用・追試・追従している．この独自の方法論は，統計力学的基礎方程式系を土台としており，吸気管内の乱流遷移位置と燃焼室内乱流の関係についての定量的な解明も可能とする素質を有するものであり（Naitoh and Shimiya, 2011；Shinmura, Naitoh et al., 2013），この点については，他者がなかなか追従できてこなかった．これによって，吸気管系内の乱れ強さと数値誤差と燃焼室内の乱流場のサイクルごとの変動（不安定性）の関係についても，初めて論理的に解明することができた．また，乱流・燃焼場だけでなく，超音速乱流を解くことができることも特色となっている．

　それでも，実験をすべて完全にシミュレーションで置き換えることはできないのだが，この新たな次元の数値解析（シミュレータ）が，地上から宇宙の様々な場所での利用を考えている「飛躍的性能のエンジン（Fugine）」の研究開発を，強力に後押ししてきているのである（図Ⅲ.1.14，図Ⅲ.1.15）．

〔内藤　健〕

(a)

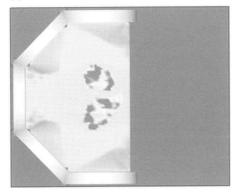

(b)

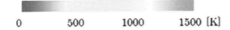

図 III.1.14　16本の高速噴流群を半球状（図中の左半球部分）に配置し、燃焼室中央付近で衝突させるとともに、燃焼室の左側から、液体燃料を中央部に向けて噴射した場合の数値解析事例

(a) 燃料液粒群分布（左）と、気化した燃料の空燃比分布（中央）、圧力の空間分布（右）の時間変化：左図からは、燃焼室に噴射した液粒燃料が、高速の気体噴流群によって微粒化して気化していることが分かる。中央と右の図からは、気体噴流群が衝突して中央に高圧力領域が形成され、その中に、気化した燃料があることが分かる。

(b) 温度の空間分布：燃焼後の高温領域が、燃焼室壁とピストンにも接触しないため、ほぼ完全な断熱がなされることが分かる。

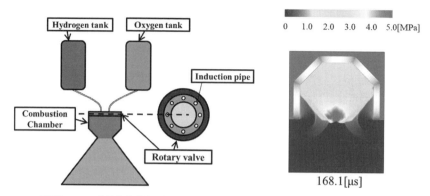

図 III.1.15　多重衝突噴流圧縮原理を用いたロケットエンジンの数値解析検討の一例

ロケットのシミュレーションでは，噴流ノズルの形状等の最適化によって，燃焼室壁面付近の酸化剤も燃焼させつつ，断熱化が可能である．
(Konagaya, et al., 2017)

文　献

[1] 木原隆博, 山岸　幹, 内藤　健, (2015) 多重衝突噴流圧縮エンジンの燃料噴霧と混合気形成過程の数値解析研究, 第26回内燃機関シンポジウム講演論文集, 1-5.
[2] 内藤　健, (2005) 生命の基本分子を貫くパターン, 日経サイエンス, 35(6), 58-65.
[3] 内藤　健, (2006) 生命のエンジン, シュプリンガー・ジャパン.
[4] 内藤　健, 特願 2012-519298, (権利化済).
[5] 内藤　健, 特願 2013-528045, (権利化済).
[6] 内藤　健, 特願 2014-148370.
[7] 内藤　健, 小島健太郎, 長谷川顕也, 白井智也, 木原隆博, 大原壮一, 大沼雄一, (2016) 多重衝突パルス噴流による高効率プロトタイプエンジンの開発（第4報）, 自動車技術会講演会予稿集, 33-16S.
[8] 中島泰夫, 村中重夫 編著, (1999) 改訂・自動車用ガソリンエンジン, 山海堂.
[9] 早稲田大学ホームページ．http://www.waseda.jp/jp/news13/130709_engine.html
[10] Ashikawa, K., J. Tsuchiya, K. Ayukawa, J. Mikoda, K. Kinoshita, H. Makimoto, R. Konagaya and K. Naitoh, (2018) High Thrust Measured for Pulsed Engine Based on Supermulti-jets Colliding, *AIAA Paper* 2018-4631.
[11] Isshiki, Y., K. Naitoh, Y. Onuma, S. Ohara, S. Arai, Y. Machida, H. Ito, Y. Kobayashi, T. Suzuki and Y. Tada, (2018) Experimental Study of Spark-assisted Auto-ignition Gasoline Engine with Octagonal Colliding Pulsed Supermulti-jets and Asymmetric Double Piston Unit, *SAE Paper* 2018-32-0004
[12] Konagaya R., T. Kobayashi, K. Naitoh, Y. Tanaka, K. Tsuru, K. Kinoshita, J. Mikoda, K. Ashikawa, H. Makimoto, Y. Kobayashi, S. Lujiang and S. Shinoda, (2018) Unsteady Three-dimensional Computations and Shock Tube Experiments of the Compression Principle of Supermulti Jets Colliding with Pulse, *AIAA Paper* 2018-4630.
[13] Konagaya, R., K. Naitoh, T. Okamoto and K. Tsuru, (2017)　Computations of a New

Hydrogen-oxygen Rocket Engine Based on Supermulti-jets Colliding with Pulse, *AIAA Paper* 2017-1780.
[14] Konagaya, R., S. Oyanagi, T. Kanase, J. Tsuchiya, K. Ayukawa, K. Kinoshita, J. Mikoda, H. Fujita and K. Naitoh, (2017) Experimental Measurements and Computations for Clarifying Nearly Complete Air-insulation Obtained by the Concept of Colliding Pulsed Supermulti-Jets, *SAE Paper* 2017-01-1030.
[15] Naitoh, K., (2001) Cyto-fluid Dynamic Theory, *Japan Journal of Industrial and Applied Mathematics*, **18**(1), 75–105.
[16] Naitoh, K., (2008) Engine for Cerebral Development, Artificial Life and Robotics, 18–21.
[17] Naitoh, K., (2008) Stochastic Determinism Underlying Life: Systematic Theory for Assisting the Synthesis of Artificial Cells and New Medicines, *Artificial Life and Robotics*, **13**(1), 10–17.
[18] Naitoh, K., (2010) Onto-biology: A Design Diagram of Life, Rather Than Its Birthplace in the Cosmos, *Artificial Life and Robotics* **15**, 117.
[19] Naitoh, K., (2011) Morphogenic Economics: Seven-beat Cycles Common to Durable Goods and Stem Cells, *Japan Journal of Industrial and Applied Mathematics*, **28**(1), 15–26.
[20] Naitoh, K., (2012) A Spatiotemporal Structure: Common to Subatomic Systems, Biological Processes, and Economic Cycles, *Journal of Physics*, **344**, 1–18.
[21] Naitoh, K., (2016) A New Physical Theory for Describing and Stabilizing Cold Fusion, Abstracts of 20th International Conference on Condensed Matter Nuclear Science, ICCF20.
[22] Naitoh, K., K. Ayukawa, D. Ikoma, T. Nakai, S. Oyanagi, T. Kanase and J. Tsuchiya, (2016) Fundamental Combustion Experiments of a Piston-less Single-point Autoignition Gasoline Engine Based on Compression Due to Colliding of Pulsed Supermulti-jets, *SAE Paper* 2016-012337.
[23] Naitoh, K., T. Itoh, Y. Takagi, K. Kuwahara, (1992) Large Eddy Simulation of Premixed-Flame in Engine based on the Multi-Level Formulation and the Renormalization Group Theory, *SAEpaper* 920590.
[24] Naitoh, K. and K. Kuwahara, (1992) Large Eddy Simulation and Direct Simulation of Compressible Turbulence and Combusting Flows in Engines Based on the BI-SCALES Method, *Fluid Dynamics Research*, **10**(4-6), 299-325.
[25] Naitoh, K., K. Nakamura and T. Emoto, (2010) A New Cascade-less Engine Operated from Subsonic to Hypersonic Conditions, *Journal of Thermal Science*, **19**(6), 481–485.
[26] Naitoh, K., T. Nogami and T. Tobe, (2013) An Approach for Finding Quantum Leap of Drag Reduction: Based on the Weakly-stochastic Navier-Stokes Equation, *AIAA Paper* 2013-2464.
[27] Naitoh, K., S. Ohara, S. Onuma, K. Kojima, K. Hasegawa and T. Shirai, (2016) High Thermal Efficiency Obtained with a Single-point Autoignition Gasoline Engine Prototype Having Pulsed Supermulti-jets Colliding in an Asymmetric Double Piston Unit, *SAE Paper* 2016-01-2336.
[28] Naitoh, K., K. Ryu, S. Tanaka, S. Matsushita, M. Kurihara, M. Marui and M. Marui, (2012) Weakly-stochastic Navier-Stokes Equation and Shocktube Experiments: Revealing the Reynolds' Mystery in Pipe Flows, *AIAA Paper* 2012-2689.
[29] Naitoh, K., Y. Sagara, T. Tamura, T. Hashimoto, Y. Nojima and M. Tanaka, (2014) Fugine: The Supermultijet-convergence Engine Working from Startup to Hypersonic Scram Mode and Attaining Simultaneously Light-weight, High-efficiency, and Low Noise, *AIAA paper* 2014-3960.
[30] Naitoh, K. and H. Shimiya, (2011) Stochastic Determinism for Capturing the Transition Point

from Laminar Flow to Turbulence, *Japan Journal of Industrial and Applied Mathematics*, **28** (1), 3-14.
[31] Naitoh, K., T. Shirai, M. Tanaka, Y. Nojima, T. Hashimoto, K. Hasegawa, K. Kojima and T. Kihara, (2015) Fugine as Single-point Compression Engine Based on Supermulti-jets Colliding with Pulse: Combustion Test of Second Prototype Engine with Strongly-asymmetric Double-piston System, *SAE Paper* 2015-01-1964.
[32] Naitoh, K., Y. Takagi and K. Kuwahara, (1993) Cycle-resolved Computation of Compressible Turbulence and Premixed Flame in an Engine, *Computers & Fluids*, **22**(4-5), 623-648.
[33] Naitoh, K., Y. Tanaka, T. Tamura, T. Okamoto, Y. Nojima and K. Yamagishi, (2015) Fugine Cycle Theory: Predicting High Efficiency of the Supermultijet-convergence Engine Working from Startup to Hypersonic Scram Mode, *AIAA Paper* 2015-2968.
[34] Naitoh, K., Tsuchiya, J., Ayukawa, K., Oyanagi, S., Kanase, T., Tsuru, K and Konagaya, R., (2016) Primitive Experimental Tests toward Futural Cold Fusion Engine Based on Point-compression Due to Supermuit-jets Colliding with Pulse (Fusine), Abstracts of 20th International Conference on Condensed Matter Nuclear Science, ICCF20.
[35] Naitoh, K., J. Tsuchiya, D. Ikoma, T. Nakai, O. Susumu, T. Kanase, T. Okamoto, Y. Tanaka, K. Ayukawa and R. Konagaya, (2016) Computations and Experiments for Clarifying Compression Level and Stability of Supermulti-jets Colliding Pulsated in Single-point Auto-ignition Engine without Pistons, *SAE Paper* 2016-01-2331.
[36] Naitoh, K., K. Yamagishi, S. Nonaka, T. Okamoto and Y. Tanaka, (2014) Unsteady Three-dimensional Computational Experiments of the Single-point Auto-ignition Engine Based on Semispherical Supermulti-jets Colliding with Pulse for Automobiles, *SAE Paper* 2014-01-2641.
[37] Shinmura, N., T. Kubota and K. Naitoh, (2013) Cycle-resolved Computations of Stratified-charge Combustion in Direct Injection Engine, *Journal of Thermal Science and Technology, JSME*, **8**(1), 44-57.
[38] Tsuru, K., R. Konagaya, S. Kawaguchi and K. Naitoh, (2018) Unsteady Three-dimensional Computations and Experiments of Compression Flow Formed by Collision of Supermulti-jets, *Journal of Thermal Science and Technology, JSME*, **13**(1).
[39] Tsuru, K., K. Yamagishi, T. Okamoto, Y. Tanaka and K. Naitoh, (2016) Computational Experiments for Improving the Performance of Fugine Based on Supermulti-jets Colliding Working for a Wide Range of Speeds from Startup to Hypersonic Condition, *AIAA Paper* 2016-4709.
[40] Yamagishi, K., Y. Onuma, S. Ohara, K. Hasegawa, K. Kojima, T. Shirai, T. Kihara, K. Tsuru and K. Naitoh (2016) Computations and Experiments of Single-point Autoignition Gasoline Engine with Colliding Pulsed Supermulti-jets, Single Piston and Rotary Valve, *SAE Paper* 2016-01-2334.

第 III 部　未来エンジン

第 2 章
凝縮系核反応リアクター

　本章では将来の動力源となる可能性を秘めている凝縮系核反応について学習する．この現象は発見されてから比較的新しく，学術的に体系だっている訳ではないが，実用化された場合，非常に燃料消費が少ない夢のエンジンになるかもしれない．本章ではこの現象の特徴や歴史そして現状に加えて，今後の課題について概説する．

III.2.1　はじめに

　ここでは，これまでとやや異なった将来のエンジンの駆動源となり得る新現象について述べる．画期的な新エネルギー源や放射性廃物の処理法になり得るとして注目を集めている凝縮系核反応という現象がある（岩村，2017）．凝縮系核反応（condensed matter nuclear reaction）とは，金属ナノスケール材料（粒子，薄膜等）と水素の相互作用によって誘起される核反応を意味している．図 III.2.1 に凝縮系核反応による発熱現象の模式図を示す．図中の黒丸の粒子が水素あるいは重水素を示しており，白や灰色の丸はナノスケールの金属粒子（ニッケル，パラジウム，銅など）を示している．このように担持体に保持されたある種のナノスケール粒子に水素または重水素を吸蔵させると，化学反応では説明できない大量の発熱や元素が変換するなどの異常現象が観測されている（Kitamura *et al*., 2015；Iwamura *et al*., 2017；Itoh *et al*., 2017）．

　この分野は，1989 年に常温核融合（cold fusion）として報告された現象に端を発して研究が進展してきており，最近は低エネルギー核反応（low energy nuclear reaction：LENR）と呼ばれることも多い．発見当初はなかなか現象が再現しないなどの問題があったが，当初想定された単純な核融合反応が低温で起きる現象ではないことや，メゾスコピック系であるナノスケールの金属材

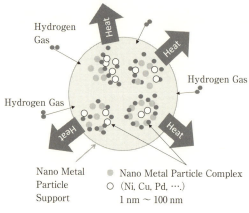

図 III.2.1 凝縮系核反応による発熱現象

料で主に観測されることなどが，次第に明らかになってきた．現在においても完全に現象が解明されている訳ではなく，系統的な実験データも未だ不足しているが，この現象を応用することができれば，コンパクトでクリーンな新型エンジンなどのエネルギー源が出現する可能性が高い．この凝縮系核反応リアクターを用いた新エネルギー源は二酸化炭素などの温暖化ガスを全く放出しないため，昨今ますます厳しさを増してきている気候変動の問題解決にも貢献できるだろう．

III.2.2 熱エネルギー発生

a) 新型エンジンへの応用

表 III.2.1 に凝縮系核反応によって得られている燃料あたりの発生エネルギー（J/g）を化学反応や核反応との比較で示す．凝縮系核反応の数値は主に我々の研究グループの数値を示している．表 III.2.1 から分かるように，化学反応では最も激しい水素の燃焼反応でも，発生するエネルギーは 10^5 J/g 程度であるが，凝縮系核反応の実験ではこれと同程度以上の数値が得られている．したがって，何かの化学反応である可能性はほとんどない．一方，核分裂や核融合に比べて低い数値であるのは，現在の実験手法ではまだまだ反応が100％

表 III.2.1　凝縮系核反応によって得られている燃料あたりの発生エネルギー（J/g）

Chemical Reaction		Condensed Matter Nuclear Reaction (Obtained Value at Our Research Group)	Nuclear Reaction	
Combustion of Hydrocarbon $CH_4 + O_2$ $\rightarrow CO_2 + H_2O$	Combustion of Hydrogen $H_2 + 1/2\ O_2$ $\rightarrow H_2O$		Nuclear Fission $^{235}U \rightarrow PF1 + PF2$	Nuclear Fusion $D + T \rightarrow n + {}^4He$
5.6×10^4	1.4×10^5	$10^5 \sim 10^8$	8.2×10^{10}	6.8×10^{11}

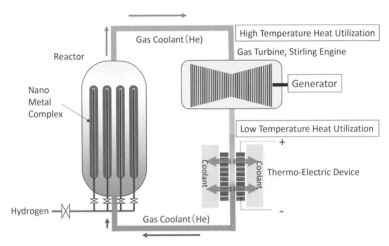

図 III.2.2　凝縮系核反応リアクターと電気エネルギーへの変換概念図

起こせていないことを意味する．投入した水素のうち 10^{-6} から 10^{-3} しか反応していないのである．これは，今後研究開発を進め，メカニズムや反応条件をより明らかにし，反応率を上げることで上昇することが期待できる．なお，少なくとも現段階で，人体に影響が出るような強いγ線や中性子の発生は全く観測されていない．

次に，まずこの技術が実用化された際の新型エンジンへの適用のイメージについて考える．図III.2.2に凝縮系核反応リアクターと電気エネルギーへの変換概念図を示す．本書で詳細は割愛するが，現在，凝縮系核反応の実験の主流は昔のように「常温」ではなく，200-1200℃といったかなり高い温度で多量の発熱が観測されており，凝縮系核反応リアクターもそのような高温領域で運転される見込みである．図中で，凝縮系核反応リアクターには多数のナノ金属粒

子構造体が装荷され，各々に水素が導入され反応熱を発生している．例えば，このナノ金属粒子構造体をヘリウムガスで冷却した場合，800-900℃のヘリウムガス温度が得られれば，ヘリウムガスタービンを駆動し，発電機で電気に変換できる．ヘリウム冷却ガスの出口温度がもう少し低温で，400-800℃程度の場合は，スターリングエンジンで熱から運動エネルギー変換し，最終的に電気に変換することが考えられる．最適な温度領域がもっと低く，400℃以下の場合には効率は低くなるが，熱電変換素子を用いて熱を電気に変えることが想定できる．

これら熱エネルギーの電気エネルギーへの変換はどのような応用先によって大きく変わる．表III.2.2に凝縮系核反応リアクターをエネルギー源として用いた場合の主な応用先を，出力ベースで整理している．例えば，kWクラスの自動車用動力やモバイル電源としての応用を考えた場合，小型であることが望ましいので，熱電変換素子の適用が考えられる．また，MWクラスの分散型エネルギー源の場合は，大きさに制約がないことから，熱効率の良いガスタービンやスターリングエンジンを用いて発電することが適切だろうと想定できる．船舶や航空機の場合は，移動体で大きさに制約があるものの，スターリングエンジンなどが適切かもしれない．これらの温度領域に応じて用いるナノ金属粒子の種類や組成などが変わってくる．材料開発は今後の重要な開発課題の1つである．

表III.2.2　凝縮系核反応リアクターの主な応用先（エネルギー応用）

Power Level	～kW	Power source for automobile
		Mobile Power Source（for Robot or Drone）
		Power source instead of conventional Engine Generator
	～MW	Dispersion type Power Source
		Power Source for Marine Vessel or Airplane
	～GW	Power Source instead of Nuclear and Thermal power plant

b)　熱エネルギー発生研究のこれまでの経緯

1989年にパラジウム（Pd）を陰極として重水（D₂O）の電気分解を行うと，常温で核融合が起き，多量の熱が発生すると英国のフライシュマン（Fleischmann）と米国のポンズ（Pons）らが常温核融合を発表した

(Fleischmann et al., 1990). 核融合反応を起こすためには，少なくとも1億℃以上の高温が必要であるというのが常識であったため，フライシュマンたちの発表は非常に簡単な手法で核融合の膨大なエネルギーを獲得できる可能性のある研究として注目を集めた．なお，当時も現在も超高温のプラズマ状態を維持して核融合反応を起こし，エネルギーを取り出そうという研究が継続されている．

世界中の研究者がこの新しい現象の再現実験に挑戦したが，多くは現象を再現できず，次第に研究は下火になっていった．特に米国エネルギー省（Department of Energy）の常温核融合現象調査委員会が否定的な見解を発表したことにより，常温核融合が科学ではないかのような印象を与え，その後のこの分野にとって厳しい状況を生み出した．

しかし，一部の研究者は再現実験に成功し，日本では1993年から98年にかけて新水素エネルギー実証試験プロジェクト（NHE）と呼ばれる通商産業省（現　経済産業省）主導のプロジェクトが実施された．しかし，エネルギーとして利用できる可能性を示す決定的な証拠を出すことができず終了した．そのような環境の中でも，少数の研究者は研究を継続していき，次第に①ナノメートルスケールの材料あるいは粒子を使うと現象の再現性が良いこと，②必ずしも電気分解は必要がなく，ナノメートルスケールの材料あるいは粒子に重水素を吸蔵させると発熱反応が観測されること，などが分かってきた．

1989年から20年くらいはPdを用いた重水素の電気分解という手法が主流であったが，ナノスケール金属に重水素ガスを吸蔵させる方式が再現性良く熱を発生させることなどが分かってきて（Arata et al., 1998）．さらに2011年頃からニッケルNi系のナノスケール金属と軽水素でもエネルギーが発生するといった報告（Kitamura et al., 2015；Parkhomov, 2015）がなされ始め，Pd/D_2系に比べるとNi/H_2系の方が圧倒的に低コストであることから，一気に注目度が上昇し，ベンチャー企業などがこの分野に参入してきた．

実験の方法は，研究グループによって異なるが，基本的な構成は，図III.2.1と同様で，ナノスケール金属に水素あるいは重水素を吸蔵させるやり方は共通している．異なるのは，温度や圧力，反応誘発のさせかたなどで，温度領域としては常温から1000℃超えまでの広い範囲の報告がある．エネルギー源と

して凝縮系核反応を用いる場合，反応を引き起こすために必要なエネルギーの最低でも数倍以上のエネルギー発生が必要と考えられるが，2016年仙台で行われた国際会議ICCF20（20th International Conference on Condensed Matter Nuclear Science）での報告などを考慮すると，反応誘発に必要なエネルギーの数10％程度という報告が最も多い．現在，大学での研究も行われているが，企業中心の研究が多いため，必ずしも研究の実態が明らかになっている訳ではないが，すぐさま実用化されるレベルまで開発が進んでいる訳ではない．今後反応量を増大させ，反応を制御し，材料開発を進め，理論的裏付けを行うことで，新エネルギー源として登場することが期待できる．

III.2.3 核 変 換

凝縮系核反応リアクターで実現できるもう1つの革新的な現象は，ある元素Aを元素Bに変換することが可能なことである．これまで元素AをBに変換するためには，加速器や原子炉などの高エネルギーの大掛かりな装置が必要であったが，凝縮系核反応では，コンパクトかつ低エネルギー消費で核反応を誘起することができるという特徴を持っている．

まず実験結果の例を示す．図III.2.3（a）に示すようにナノスケールPd薄膜とCaOとPdの混合層から構成されるPd多層膜の表面にセシウム（Cs）やバリウム（Ba）等の元素を添加し，片側を重水素ガス，片側を真空状態にすると，Pdは重水素を透過させやすい性質を持っているため，Pd多層膜の重水素側の表面で重水素ガス分子が重水素に解離し，多層膜中を透過する．この際，添加したCs等の元素が全く存在していなかった別の元素に変換される．実験は通常重水素ガスの圧力が1気圧程度，試料の温度は70℃程度で行われる．

図III.2.3（b）は真空容器内に設置したXPS（X-ray photoelectron spectroscopy）で元素の時間変化を観測した結果である．これはCsを添加したPd多層膜に重水素ガスを透過させると，Pr（プラセオジム）という元素が検出されることを確認している．詳細な議論は論文（Iwamura *et al.*, 2002）に記述しているが，不純物の集積でこの現象を説明することは不可能である．

III.2.3 核　変　換

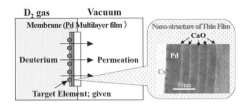

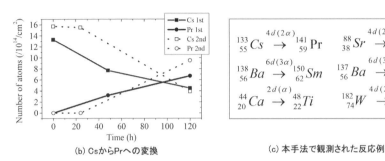

(a) 反応の誘発手法

(b) CsからPrへの変換

(c) 本手法で観測された反応例

図 III.2.3　凝縮系核反応の例（核変換）

　元素変換反応は Cs だけではなく，図 III.2.3 (c) にあるような数多くの元素に対して確認できており，変換された元素はすべて安定元素である．変換される元素に 2 つの d（重水素原子核），4 つの d，6 つの d が反応して元素が形成されるという規則性が観測されている．また，アルカリ金属やアルカリ土類金属が変換しやすい傾向があり，これらは，反応のメカニズムと何らかの関係があると考えられる．

　これまで，いくつかの再現実験の成功が報告されたが，その中で，比較的最近論文が出版された豊田中央研究所の結果 (Hioki et al., 2013) について，その概略を簡単に述べる．まず上記と同様に Pd および CaO の多層膜を作成する．そこに Cs を添加，重水素を透過し，その後 Pd 多層膜の表面の元素を分析している．元素の分析は ICP-MS（Inductively Coupled Plasma Mass Spectrometry）を用いている．多層膜に Cs をイオン注入し，重水素を透過させたもので，3 回とも Pr が検出されており，$1\text{-}2 \times 10^{12}$ atoms/cm^2 のオーダーの Pr が検出されている．それに対して Cs を添加しない場合や Cs を添加せず多層膜でない場合，Cs を添加して軽水素を透過した場合などの対照実験の結果は Cs を添加して重水素を透過した場合に比べ充分に低く，岩村らの

文献（Iwamura et al., 2002）を再現したとしている．豊田中央研究所の結果は完全に独立した環境で現象を再現しており，凝縮系核変換現象の存在を強く示している．

上記のようなナノスケール多層膜を用いた核変換現象を用いて福島第一原子力発電所などで放出された^{137}Csなどの放射性元素の変換装置のイメージ図を図III.2.4に示す．^{137}Csを多層膜表面に添加し重水素ガスを透過させることにより安定元素に変換する．ただし，ガス透過法を用いると，反応量は1 cm^{2}反応膜あたり，通常数ナノから数十ナノグラムオーダーに留まっており，放射性元素の変換装置の装置サイズを小さくするためには反応量の増大が必要である．実用化に向けた研究は三菱重工業と東北大学との共同研究で実施されており，①表面の重水素密度，②Pd表面層の電子状態，に着目して研究が進められている．①については，電気化学的手法を用いて等価的に高い重水素圧力をPd表面に加えることで重水素密度の向上を図り，反応収量を2桁程度増大させている（Iwamura et al., 2015；鶴我ら，2015）．②については，CaO以外の材料の実験結果が報告されており，今後様々な観点からの実用化に向けた取り組みが期待できる．

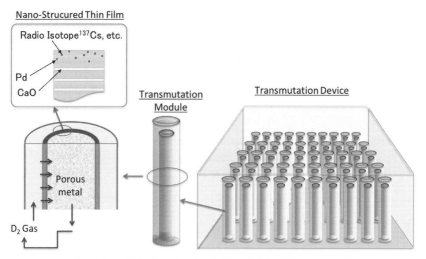

図III.2.4　凝縮系核反応による放射性元素変換装置のイメージ図

III.2.4　凝縮系核反応と従来の核反応の比較

　上記では新元素変換を中心に説明を行ってきたが，新元素変換を含め凝縮系核反応についての研究結果はまだまだ少ない状況である．この現象の反応理論を構築するのは非常に難易度が高く，数多くの理論家が独自の理論を提案しているものの，学会関係者のコンセンサスが得られた理論は確定していない．しかし，凝縮系核反応の実験結果やその発生する条件・場について考察すると，図III.2.5に示すような明らかな違いがある．

　従来の核反応実験およびその理論体系は基本的に2体反応を想定しており，例えば重陽子（重水素ガスが解離した原子）のビームを高エネルギーでターゲットに照射すれば，様々な核反応が起きる．ターゲットをdとすればdd反応が起き，中性子（n）や陽子（p）などを放出するが，MeV以上のエネルギーでの話であり，数100℃（0.01 eV オーダー）近傍の低いエネルギーでは何も起きないことになる．従来の核反応の理論は高エネルギー粒子の核反応を扱っているため，ターゲットの環境の影響は無視されている．一方，凝縮系核反応が発生する環境は従来型の核反応と以下の

①金属中の電子の海の中に重水素あるいは水素が存在して，ターゲット（図ではCs）の回りに電子が多数存在し，クーロン障壁が減少していること
②重水素あるいは水素が低いエネルギーであるため，ホスト金属の格子中に存在し，存在位置などが束縛されていること
③報告されている凝縮系核反応は多体反応である場合が多いこと

などの点が異なっている．

　図III.2.5ではPdの面心立方格子のオクトヘドラルサイトに重水素4つが存在し，Csと反応する想像図を示している．従来型の核反応モデルは自由空間での高エネルギー粒子を対象としており，上記のような特徴を持った凝縮系核反応にそのまま適用することはできない．そのため新たな理論モデル構築が必要である．先に述べたように，確立した理論はないが，今後系統的な実験データの蓄積が進むにつれ，凝縮系核反応の物理的描像が次第に明らかになっていくと期待されている．

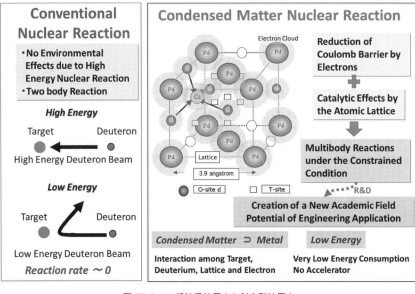

図III.2.5　凝縮系核反応と従来型核反応

III.2.5　今後の展望

　上記のような凝縮系核反応を利用したエネルギー源や変換装置は今のところまだ実用化されていない．しかし，近年，主に凝縮系核反応を利用した新エネルギー源の開発に欧米のベンチャー企業や大企業が多数参入してきており，研究開発が活発化し，競争が激化してきている．今後，実用に耐える凝縮系リアクターを実現していくためには以下のような技術課題がある．
　①反応率の向上：反応支配因子を明確化し，必要な反応率を達成
　②反応制御性の確立：反応メカニズムの解明を進め，反応の制御性を確立
　③実用的ナノ金属材料の開発：コスト・耐久性などを考慮した金属材料の
　　　　　　　　　　　　　　　開発
　④理論的基盤の構築：凝縮系核反応の理論的基盤の構築
　これらの課題を今後，着実にクリアしていくことが求められる．世界のエネルギー環境問題がますます厳しくなってくることから，特に若い研究者・技術

者方の興味を持ってもらい，凝縮系核反応に関する研究開発が進むことを強く期待している． 〔岩村　康弘〕

文　献

[1] 岩村康弘, (2017) 凝縮系核反応の現状と今後の発展, パリティ, 32(5), 44-49.
[2] 鶴我薫典, 牟田研二, 田中　豊, 嶋津　正, 藤森浩二, 西田健彦, (2015) 重水素透過によるナノ構造多層反応膜上での元素変換反応, 三菱重工技報, 52(4), 104-107.
[3] Arata, Y. and Y.-C. Zhang, (1998) Anomalous "Deuterium-reaction Energies" within Solid, *Proceedings of the Japan Academy*, Series B, 74(7), 155-158.
[4] Fleischmann, M., S. Pons, M.W. Anderson, L.J. Li and M. Hawkins, (1990) Calorimetry of the Palladium-deuterium-heavy Water System, *Journal of Electroanalytical Chemistry and Interfacial Electrochemistry*, 287(2), 293-348.
[5] Hioki, T., N. Takahashi, S. Kosaka, T. Nishi, H. Azuma, S. Hibi, Y. Higuchi, A. Murase and T. Motohiro, (2013) Inductively Coupled Plasma Mass Spectrometry Study on the Increase in the Amount of Pr Atoms for Cs-ion-implanted Pd/CaO Multilayer Complex with Deuterium Permeation, *Japanese Journal of Applied Physics*, 52(10), 107301.
[6] Itoh, T., Y. Iwamura, J. Kasagi and H. Shishido, (2017) Anomalous Excess Heat Generated by the Interaction between Nano-tructured Pd/Ni Surface and D2/H2 Gas, *Journal of Condensed Matter Nuclear Science*, 24, 179-190.
[7] Iwamura, Y., T. Itho, J. Kasagi, A. Kitamura, A. Takahashi and K. Takahashi, (2017) Replication Experiments at Tohoku University on Anomalous Heat Generation Using Nickel-based Binary Nanocomposites and Hydrogen Isotope Gas, *Journal of Condensed Matter Nuclear Science*, 24, 191-201.
[8] Iwamura, Y., T. Itoh and S. Tsuruga, (2015) Transmutation Reactions Induced by Deuterium Permeation through Nano-structured Palladium Multilayer Thin Film, *Current Science*, 108(4), 628-632.
[9] Iwamura, Y., M. Sakano and T. Itoh, (2002) Elemental Analysis of Pd Complexes: Effects of D2 Gas Permeation, *Japanese Journal of Applied Physics*, 41, 4642-4650.
[10] Kitamura, A., A. Takahashi, R. Seto, Y. Fujita, A. Taniike and Y. Furuyama, (2015) Brief Summary of Latest Experimental Results with a Mass-flow Calorimetry System for Anomalous Heat Effect of Nano-composite Metals under D(H)-gas Charging, *Current Science*, 108(4), 589-593.
[11] Parkhomov, A.G., (2015) Investigation of the Heat Generator Similar to Rossi Reactor, *International Journal of Unconventional Science*, 7(3), 68-72.

第III部 未来エンジン

第3章
核凝縮リアクターエンジン（Fusine）

　第III部第1章では，原子間結合の変化による燃焼現象を用いたエネルギー生成に基づく超高効率エンジンについて述べたが，ここでは，放射能を出さない原子核反応（原子内部の中性子・陽子の結合形態の変化によるさらなる莫大なエネルギー放出）エンジンの可能性について述べる．

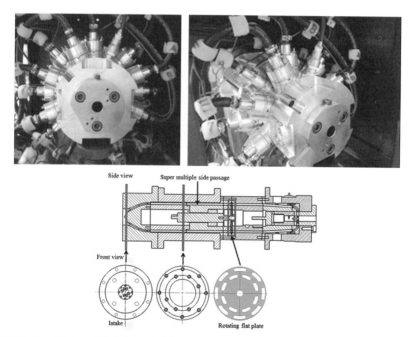

図III.3.1　多重パルス噴流の中央一点衝突圧縮燃焼原理による核凝縮リアクターエンジン（Fusine）

III.3 核凝縮リアクターエンジン（Fusine）

1989年頃に，米国の研究者PonsとFleischmannらが，パラジウムと重水素の系で，通常の分子レベルの化学反応理論では説明しにくい「異常な過剰発熱現象」を発見した．この発表以降，常温核融合（cold fusion）と呼ばれるようになる現象である．非常に不安定な現象だったようで，北海道大学の水野らを含め，多くの研究者が追試を試みたが，実用化に進まずにいた．しかしその後，過剰熱とともにHe^4が検出され（Miles，1990等）るとともに，1998年から2004年頃に，大阪大学の荒田らが，ナノスケールレベルの非常に小さなパラジウムの粒子で実験を行ったところ，安定な発熱が得られることが見出された．その後，岩村ら，複数の場所でも実験が繰り返され，やはり，安定に発熱することが確認された．この現象は，近年は，核凝縮反応といった表現に変わり，パラジウムと重水素の系より安価な元素系でも，その可能性が報告されている．

なお，実験による追試と平行して，現象が発見・報告された1989年から高橋らが理論研究も多数提示し，進展を見せている．ただし，単位時間あたりの発熱量がまだ小さいという問題や，どのように動力生成するのか，といった課題等が残っている．

これらの課題を解決する試みも各所で進められているが，筆者は，前章で述べた「高速な多数のパルス噴流を，空間の一点に向けて噴出・衝突させる方式」を発展させ，パラジウム（やそれよりも安価な元素）等を触媒的な役割の要素として加味すれば，さらに核凝縮反応を加速するのではないか，と考えており，関連するこの新次元エンジン（Fusine：Fusion Engine）の論文や特許を提示してきている．

筆者らの実験によって高速な多数のパルス噴流を，空間の一点に向けて噴出・衝突させる方式の非燃焼のシミュレーションでは，吸気圧力数気圧の26本のパルス噴流の衝突によって，中心部が2000 K，1000気圧程度の圧縮が可能であるという結果を得ている．圧力比で言えば，約130倍，温度比では10倍程度である．ロケットのように，吸気圧力をさらに高くした場合，衝突後の燃焼室中心部の圧力・温度は，さらに上げられると考えられ，しかも，パルスであるために，衝撃的な圧力・温度上昇を与えるので，触媒的な元素と併用すれば，より効果的になるのではないか，と考えている．

現在この仮説をもとに，さらなる理論構築と実験準備を進めている．原子核内の変化に依存するので，燃焼による化学反応で放出するエネルギーを遥かに超えることが期待されるからである．この圧縮レベルは，高温核融合やウランの発熱量の発生レベルまでではないため，ウランの放熱量までにはならないと考えられるが，それゆえに，放射能の発生レベルもウランの原子核崩壊よりも少ないレベルに抑えられる可能性がある．ウランの放熱量は燃焼反応の10^{10}倍以上であるが，100倍もあれば人類にとっては充分であり，当然，放射能も少ないはずである．人類は，地球・航空・宇宙のあらゆる所に進出することになる．

具体的なハード構成としては，例えば，重水素（か，できれば水素）の多数の噴流をパルス状にして，反応室内の中央部で衝突させ，高温・高圧領域を生成し，そこに，パラジウムよりも安価な触媒的な元素（できれば，ニッケル等）を供給する．噴流の強さを強くすればするほど，発生する熱量の大きさは大きくなるはずであり，その核凝縮反応で生成された高温・高圧領域が，反応室の壁にまで接触しては溶けてしまうのだが，原理的には，噴流群（と核凝縮反応で生成された高圧力領域が膨張後に壁で反射して戻る効果）で，高温部を中央に封鎖できる（高圧力領域は音速レベルの速度で膨張するのに対して，高温領域の膨張速度はそれよりも遅いと考えられるので，圧力波の反射で，高温部を中央封鎖できると考えられるのである）． 〔内藤　健〕

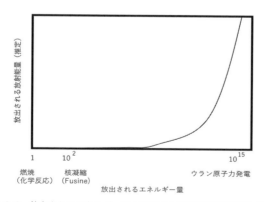

図III.3.2　放出されるエネルギー量と放出される放射能量の関係（推定）

文 献

[1] 高橋亮人, (2006) 常温核融合 2006, 工学社.
[2] 高橋亮人, (2008) 常温核融合 2008, 工学社.
[3] Naitoh, K., (2012) Spatiotemporal Structure: Common to Subatomic Systems, Biological Processes, and Economic Cycles, *Journal of Physics*, **344**(1), 1-18.
[4] Naitoh, K., (2012) Hyper-gourd Theory: Solving Simultaneously the Mysteries in Particle Physics, Biology, Oncology, Neurology, Economics, and Cosmology, *Artificial Life and Robotics*, **17**(2), 275-286.
[5] Naitoh, K., (2013) Gourdron Theory: Revealing Synthetically the Masses for Biological Molecular Particles of DNA and Proteins and Abiological Particles of Quarks and Leptons, *Artificial Life and Robotics*, **18**, 133-143.
[6] Naitoh, K., (2014) Instantaneous and Scale-versatile Gourdron Theory: Pair Momentum Equation, Quasi-stability Concept, and Statistical Indeterminancy Revealing Masses of Elementary, Bio-molecular, and Cosmic Particles, *Journal of Physics: Conference Series*, **495**, 1-12.
[7] Naitoh, K., J. Tuschiya, K. Ayukawa, S. Oyanagi, T. Kanase, K. Tsuru and R. Konagaya, (2017) Fundamental Experimental Tests toward Future Cold Fusion Engine Based on Point-compression Due to Supermulti-jets Colliding with Pulse (Fusine), *Journal of Condensed Matter Nuclear Science*, **24**, 236-243.

おわりに

　2040年頃のピュア EV のシェアは，最大で30％程度までだろうと筆者は考えている．残りの70％の多くはハイブリッドかもしれないが，その中にエンジンは存在し，そのエンジン性能の差異で，燃費性能は大きく左右されると考えている．電池の部分の性能の企業間差は小さいと思われるからだ．このような予測をしているのは，筆者だけではない．

　目を閉じてじっと耳をすませていると，未来の姿が見えてくるものである．2005年に，筆者は『生命のエンジン』という本を書いた．そこには「30年くらい後には，人工知能の進歩で自動運転が実用化し，お酒を飲んでも車で帰れるようになるのではないか」と記した．当時はまだ，自動運転は夢の夢であったが，ここ数年の新聞記事を見ていると，劇的な変化が起き，この見通しは大筋で現実になろうとしている．「2040年頃にピュア EV のシェアは最大で30％」という予測が正しかったかどうかは，この本の出版後に明らかになるだろう．

　最後に，追記しておきたいことがある．安全には十分な注意・準備・配慮が必要であるので，安易な実験は禁物である．筆者の研究室で設計した試作エンジンのひとつでは，この数年間，平均すると「1か月に1秒程度の燃料噴射・燃焼実験」しか行っていない．1秒間の燃焼実験後，数週間に渡って，各部品の点検を行っているからである．

　2019年3月

内藤　健

索　引

英　数

2段燃焼　124, 126
4気筒回転バルブ　108

Al_2O_3　63
ATREX エンジン　73

Brayton サイクル　99

CAFE 規制　45
CFD　59
CJ 面　103
Closed サイクル　125
CO　28, 35
CO_2　27, 43

DDT　103
Direct numerical simulation　156
DPF　58

exploding wire 法　104

Fugine　135, 151, 153
Fusine　172
Φ-T マップ　33

HC　28, 35
HIMICO　92

ICP-MS　167

Large eddy simulation　156
LEAP　156

Navier-Stokes 方程式　154
NO_x　28, 33, 54

one-γ model　101
Open サイクル　125

PCI 燃焼　29, 33
PDE　98, 102
PDE 管内の気体力学的　104
PDE 管の気体力学　105
PDRE　105, 108
PDRJE　107
PDTE　109
P_{max}　38

RDE　98, 110

SCR　58
simplified PDE model　99
SiO_2　62
SiRPA　63
SKYACTIV-D　26
Soot　28, 33
square function 作動時間　104
S/V　14

Tank-to-Wheel　43
Todoroki　109
Todoroki II　110
TSWIN　64
two-γ model　101

Well-to-Wheel　43

XPS　166

あ　行

圧縮比　4, 7, 26, 27, 29
圧力比　121
アトキンソンサイクル　7, 22
アルマイト　62
アルミナ　63
安全性　133

一点圧縮　146
インテーク　105

エアインテーク　81
エキスパンダサイクル　125
エキスパンダブリード　126, 128
エクスパンダブリード　124
エッグシェイプ燃焼室　36
エレメント　129
エンジンサイクル　117, 123
エンジンサイズ　13
エンジンヘルスモニタ　133
エントロピー　17

オットーサイクル　2
温室効果ガス　27
音速　3
温度スイング　57

か　行

開口比　121
回転デトネーションエンジン　98, 110
火炎温度　28
火炎伝播速度　3

過給リーンバーン　21
核凝縮　172
拡散燃焼　6
核変換　166
確率論的 Navier-Stokes 方程式　154
ガスジェネレータ　123, 126
ガスジェネレータサイクル　124
ガスタービン　164
ガソリンエンジン　57
滑走試験　108, 112
過膨張状態　121
カルノーサイクル　9

機械損失　27, 46
気化特性　18
機能安全　133
希薄　14
ギブズの自由関数　122
吸気加熱　54
究極エンジン　151
究極熱効率エンジン　135, 149, 153
凝縮系核反応　161

空気吸い込み式 PDE　105
空気吸い込み式エンジン　98
クリーンディーゼルエンジン　26
グロープラグ　138

元素変換　167

極超音速　73
極超音速ターボジェット　73
極超音速統合制御実験　92
混合比　14, 117, 122

さ　行

最高燃焼圧力　38
再生冷却　131, 136

自己相似　104
自己着火　31
質量比　119
遮熱コーティング　55
常温核融合　161
衝撃波　103
衝動タービン　125
衝突型　130
正味熱効率　137
シリカ　62
シリカ強化多孔質陽極酸化皮膜　63
新エネルギー源　166
真空着火機能　125
信頼性　133

推進剤　117
推進薬セットリング機能　126
推力　105, 117, 118
推力室組立　123, 129
推力制御機能　125
数値流体計算　59
スキッシュ　67
図示熱効率　137
すす　28, 33, 54
スターリングエンジン　164
スペースプレーン　73
スラグ　154
スロットルバルブ　18
スロート部　119
スワール　67
スワール型　130

制御安全　133

た　行

大気汚染　28
体積比熱　59
ダウンサイジング　21
多重衝突噴流　146
タービン圧力比　127
ターボチャージャー　38

ターボポンプ　123, 131
ターボポンプ方式　123
ターボラムジェット　78
タンク加圧方式　123
断熱エンジン　48
断熱化　8, 24
ダンプ冷却　131

窒化ケイ素　52
窒素酸化物　54
着火遅れ　31
着火性　31
着火特性　18
チャンネル構造　130
チューブ構造　130
超音速エアカー　152
超音速ノズル　119
チョーク状態　120
直接開始　104
直噴化　20

定圧燃焼サイクル　99, 100
定常型　12
定積燃焼間欠ジェットエンジン　106
定積燃焼サイクル　100
ディーゼルエンジン　26, 57
ディーゼルエンジンサイクル　6
ディーゼル燃焼　28
デトネーション　11, 98, 123
デトネーションエンジン　98
デトネーションに遷移させる過程　103
デトネーション燃焼サイクル　98, 99
デトネーションの気体力学　102
デトネーション波　98
デトネーション波の一次元定常解の構造　103
デフラグレーション　102

同軸型　130
トーチ　138

な 行

ナノスケール　161

ニモニック　53

熱エネルギー発生　164
熱拡散率　56
熱勘定　27
熱効率　3, 4, 27, 99
熱伝達率　47
熱伝導率　47
熱電変換素子　164
熱力学第一法則　1
熱流束　63
燃焼安定性　15
燃焼温度　28
燃焼期間　27
燃焼技術　26
燃焼効率　10
燃焼時期　27
燃焼室　123, 129
燃焼騒音　137
燃焼速度　3
燃料多段噴射　33

ノズル　106
ノズルスカート　117, 130
ノッキング　3, 11

は 行

排気　27
排気ガス特性　19
排気後処理システム　58
排気速度　117, 121
排気損失　27, 46
爆轟現象　123
パージガス　104
発熱反応領域　103

パフ　154
パルスデトネーションエンジン　98
パルスデトネーションタービンエンジン　109
パルスデトネーション方式　123
パルスデトネーションラムジェットエンジン　107
パルスデトネーションロケットエンジン　105, 108
バルブレス型PDE　107
反動タービン　125
反応誘導領域　103

飛行マッハ数　105
比推力　75, 105, 117, 119
比スラスト　79
非定常型　12
比熱　58
比熱比　4, 27

フィルム冷却　131
不確定性　154
不均質　28
複合サイクル　75
複数回着火　126
複数回着火機能　125
フューズポイント　133
プリクーラ　74
フルエクスパンダ　124
ブレイトンサイクル　4
噴射器　123, 129
噴霧混合気　31

壁温スイング遮熱　59
壁面への熱伝達　27

膨張波　103
膨張不足状態　121
膨張流速　3
補機損失　49
本質安全　133

ポンプ損失　27

ま 行

摩擦抵抗　27
マッハ数　16

未燃損失　46

や 行

有人PDE飛行試験機　107

陽極酸化皮膜　62
予混合　3
予混合型燃焼　29, 33
予混合期間　35
予混合燃焼　6
予冷ターボエンジン　73

ら 行

ラムジェットエンジン　106
ラム・スクラム　152
乱流遷移現象　153

流体力学　15
理論混合比　14
臨界レイノルズ数　154

冷却損失　27, 46
レーザー誘起リン光法　66

ロケットエンジン　98
ロードマップ　152
ロバスト　125
ロバスト性　129
ロバスト設計　133

編著者略歴

内藤　健（ないとう　けん）　[0 章，I.1 章，III.1，3 章　執筆]

1961 年　神奈川県に生まれる
1987 年　早稲田大学大学院理工学研究科修士課程修了
1987-2000 年　日産自動車株式会社
2000-2005 年　山形大学工学部助教授
2005 年-現在　早稲田大学理工学術院基幹理工学部機械科学・航空学科教授
　　　　　　博士（工学）
1993 年　独国アーヘン工科大学空気力学研究所招聘客員研究員（短期，併属）
著　書　『生命のエンジン』（シュプリンガー・ジャパン，2006）等
受賞歴　1993 年　日本機械学会論文賞
　　　　1992 年　自動車技術会論文賞等

著者略歴（執筆順）

志茂　大輔（しも　だいすけ）　[I.2 章　執筆]

1973 年　大阪府に生まれる
2013 年　広島大学大学院工学研究科博士課程修了
現　在　マツダ株式会社エンジン性能開発部主幹的エンジニア
　　　　博士（工学）

川口　暁生（かわぐち　あきお）　[I.3 章　執筆]

1959 年　東京都に生まれる
1986 年　群馬大学工学部工学研究科修士課程修了
現　在　トヨタ自動車株式会社パワートレーン先行機能開発部主幹
　　　　工学修士

佐藤　哲也（さとう　てつや）　[II.1 章　執筆]

1964 年　東京都に生まれる
1992 年　東京大学大学院工学系研究科航空学専攻博士課程修了
現　在　早稲田大学理工学術院基幹理工学部機械科学・航空学科教授
　　　　博士（工学）

田口　秀之（たぐち　ひでゆき）　[II.1 章　執筆]

1968 年　栃木県に生まれる
1993 年　東京大学大学院工学系研究科航空学専攻修士課程修了
現　在　宇宙航空研究開発機構航空技術部門推進技術研究ユニット研究計画マネージャ
　　　　博士（工学）

笠原　次郎　［II.2章　執筆］

1967年　大阪府に生まれる
1997年　名古屋大学大学院工学研究科航空宇宙工学専攻博士後期課程修了
現　在　名古屋大学大学院工学研究科航空宇宙工学専攻教授
　　　　博士（工学）

渥美　正博　［II.3章　執筆］

1960年　愛知県に生まれる
1985年　東京大学大学院工学系研究科航空学専攻修士課程修了
現　在　三菱重工業株式会社防衛・宇宙セグメント宇宙事業部事業部長
　　　　工学修士

岩村　康弘　［III.2章　執筆］

1961年　福岡県に生まれる
1990年　東京大学大学院工学系研究科原子力工学専攻博士課程修了
現　在　東北大学電子光理学研究センター凝縮系核反応共同研究部門特任教授
　　　　工学博士

最新・未来のエンジン
自動車・航空宇宙から究極リアクターまで

定価はカバーに表示

2019年4月5日　初版第1刷

編著者　内　藤　　　健
発行者　朝　倉　誠　造
発行所　株式会社　朝　倉　書　店

　　　　東京都新宿区新小川町 6-29
　　　　郵便番号　162-8707
　　　　電　話　03 (3260) 0141
　　　　FAX　03 (3260) 0180
　　　　http://www.asakura.co.jp

〈検印省略〉

© 2019〈無断複写・転載を禁ず〉　　　　新日本印刷・渡辺製本

ISBN 978-4-254-23147-2　C 3053　　　Printed in Japan

JCOPY ＜出版者著作権管理機構 委託出版物＞

本書の無断複写は著作権法上での例外を除き禁じられています．複写される場合は，そのつど事前に，出版者著作権管理機構（電話 03-5244-5088, FAX 03-5244-5089, e-mail: info@jcopy.or.jp）の許諾を得てください．

前東大 谷田好通・前東大 長島利夫著

ガスタービンエンジン

23097-0 C3053　　　B5判 148頁 本体3200円

航空機，発電，原子力などに使われているガスタービンエンジンを体系的に解説。〔内容〕流れと熱の基礎／サイクルと性能／軸流圧縮機・タービン／遠心圧縮機／燃焼器・再熱器・再生器／不安定現象／非設計点性能／環境適合／トピックス／他

前宇宙開発事業団 宮澤政文著

宇宙ロケット工学入門

20162-8 C3050　　　A5判 244頁 本体3400円

宇宙ロケットの開発・運用に長年関わってきた筆者が自身の経験も交え，幅広く実践的な内容を平易に解説するロケット工学の入門書。〔内容〕ロケットの歴史／推進理論／構造と材料／飛行と誘導制御／開発管理と運用／古典力学と基礎理論

広島大 松村幸彦・広島大 遠藤琢磨編著
機械工学基礎課程

熱　　力　　学

23794-8 C3353　　　A5判 224頁 本体3000円

機械系向け教科書。〔内容〕熱力学の基礎と気体サイクル（熱力学第1，第2法則，エントロピー，関係式など）／多成分系，相変化，化学反応への展開（開放系，自発的状態変化，理想気体，相・相平衡など）／エントロピーの統計的扱い

海洋大 刑部真弘著

エンジニアの流体力学

20145-1 C3050　　　A5判 176頁 本体2900円

流れを利用して動く動力機械を設計・開発するエンジニアに必要となる流体力学的センスを磨くための工学部学生・高専学生のための教科書。わかりやすく大きな図を多用し必要最小限のトピックスを精選。付録として熱力学の基本も掲載した。

前筑波大 松井剛一・前北大 井口　学・
千葉大 武居昌宏著

熱流体工学の基礎

23121-2 C3053　　　A5判 216頁 本体3600円

熱力学と流体力学は密接な関係にありながら統一的視点で記述された本が少ない。本書は両者の橋渡し・融合を目指した基本中の基本を平易解説。〔内容〕流体の特性／管路設計の基礎／物体に働く流体力／熱力学の基礎／気液二相流／計測技術

東洋大 窪田佳寛・東洋大 吉野　隆・東洋大 望月　修著

きづく！つながる！機械工学

23145-8 C3053　　　A5判 164頁 本体2500円

機械工学の教科書。情報科学・計測工学・最適化も含み，広く学べる。〔内容〕運動／エネルギー・仕事／熱／風と水流／物体周りの流れ／微小世界での運動／流れの力を制御／ネットワーク／情報の活用／構造体の強さ／工場の流れ，等

前東大 吉識晴夫・東海大 畔津昭彦・海洋大 刑部真弘・
元東大 笠木伸英・前電中研 浜松照秀・JARI 堀　政彦編

動力・熱システムハンドブック

23119-9 C3053　　　B5判 448頁 本体16000円

代表的な熱システムである内燃機関（ガソリンエンジン，ガスタービン，ジェットエンジン等），外燃機関（蒸気タービン，スターリングエンジン等）などの原理・構造等の解説に加え，それらを利用した動力・発電・冷凍空調システムにも触れる。〔内容〕エネルギー工学の基礎／内燃・外燃機関／燃料電池／逆サイクル（ヒートポンプ等）／蓄電・蓄熱／動力システム，発電・送電・配電システム，冷凍空調システム／火力発電／原子力発電／分散型エネルギー／モバイルシステム／工業炉／輸送

野波健蔵・水野　毅編者代表

制　御　の　事　典

23141-0 C3553　　　B5判 592頁 本体18000円

制御技術は現代社会を支えており，あらゆる分野で応用されているが，ハードルの高い技術でもある。また，これから低炭素社会を実現し，持続型社会を支えるためにもますます重要になる技術であろう。本書は，制御の基礎理論と現場で制御技術を応用している実際例を豊富に紹介した実践的な事典である。企業の制御技術者・計装エンジニアが，高度な制御理論を実システムに適用できるように編集，解説した。〔内容〕制御系設計の基礎編／制御系設計の実践編／制御系設計の応用編

上記価格（税別）は2019年3月現在